Die ersten 100 Tage

Maximaler Erfolg in Ihrer neuen Führungsrolle

Niamh O'Keeffe

Bibliografische Information Der Deutschen Nationalbibliothek

Die Deutsche Nationalbibliothek verzeichnet diese Publikation in der Deutschen Nationalbibliografie; detaillierte bibliografische Daten sind im Internet über http://dnb.dnb.de abrufbar.

10 9 8 7 6 5 4 3 2 1
27 26 25 24

ISBN 978-3-86894-519-5 (eBook)
ISBN 978-3-86894-513-3 (Buch)

St.-Martin-Straße 82, D-81541 München

www.pearson.de
A part of Pearson plc worldwide
Programmleitung: Lisa Ostermeier
Fachlektorat: Antje Wulff, Trilog Verlag, Wuppertal
Produktion: Wolfgang Achatz
Druck: GraphyCems, Villatuerta, Navarra
Printed in Spain

Inhaltsverzeichnis

Über die Autorin

Foto von Charlotte Haldane

Niamh O'Keeffe ist Führungsberaterin, Autorin und Gründerin des seit 2004 bestehenden Unternehmens First100. Sie berät hochrangige Führungskräfte zu den wichtigsten Momenten im Lebenszyklus einer Führungsposition: wie man befördert wird, wie man die ersten 100 Tage gut übersteht, wie man den Kurs hält und wie man Altlasten beseitigt.

Niamh kann auf über 27 Jahre Erfahrung in der Führungsberatung zurückblicken, darunter Strategieberatung, Executive Search und Führungscoaching. Sie ist Übergangsexpertin, Problemlöserin, Ideengeberin und vertrauenswürdige Beraterin für Führungskräfte in globalen Organisationen. Niamhs Kundenliste erstreckt sich über mehrere Branchen und umfasst die Beratung von Unternehmensleitern und -leiterinnen in London und New York sowie von höheren Führungskräften globaler Unternehmen wie Accenture, Microsoft und Oliver Wyman Group.

Niamhs Einsichten in diesem Buch basieren auf ihrer langjährigen Erfahrung als Führungscoachin und Wegbegleiterin von Führungskräften und CEOs in den ersten 100 Tagen einer entscheidenden neuen Führungsposition.

Die erste Ausgabe dieses Buches wurde 2012 auf Englisch veröffentlicht. Seitdem hat Niamh drei weitere Bücher bei FT Publishing International (Pearson Imprint) publiziert, darunter *Lead your Team in your First 100 Days* (2013), *Your Next Role: how to get ahead and get promoted* (2016) und *Stepping Up: how to accelerate your leadership potential* (2017).

Mit Blick auf den neuen Weltkontext und ausgerüstet mit weiteren Erfahrungen und Erkenntnissen aus ihrer Arbeit mit Kunden und Kundinnen sowie den vielen Rezensionen und Rückmeldungen von Lesenden zur Originalausgabe freut sich Niamh, Ihnen diese aktualisierte zweite Ausgabe zu präsentieren.

Hintergrund zur Gründung der Führungsberatung First100

Durch ihre Erfahrung als Headhunterin bei der Vermittlung von Führungskräften in der Londoner City erkannte Niamh, dass die ersten 100 Tage die wichtigste Phase im Lebenszyklus einer neuen Führungsposition sind. Die ersten 100 Tage in einer neuen Rolle sind ein entscheidender Faktor für die Gesamtleistung und Wirkung der Führungskraft in den ersten 12 Monaten und darüber hinaus. In dieser Zeit haben Sie zum Beispiel die optimale Gelegenheit, die Vision zu erneuern, die Strategie zu verbessern, das Team zu reformieren und neue Ziele zu setzen.

„Befähigung von Führungskräften zum Erfolg in den ersten 100 Tagen"

Niamh stellte fest, dass das Versäumnis, die ersten 100 Tage zu optimieren, wahrscheinlich das größte Versäumnis in Bezug auf die Effektivität der Führung und die Steigerung der Leistung ist – eine verpasste Chance für die Führungskraft, die zu Verlusten für das übernommene Team und das Unternehmen insgesamt führt. Aufgrund ihrer achtjährigen Erfahrung als Strategie- und Managementberaterin bei Accenture war Niamh gut gerüstet, um diese Erkenntnis in ein neues Nischenangebot für Führungskräfte in den ersten 100 Tagen umzusetzen.

Niamh gründete First100 im Jahr 2004, um Ergebnisse zu erzielen, bei denen alle gewinnen: ein Gewinn für die neu ernannte Führungskraft sowie ein Gewinn für ihr Team, ihr Unternehmen und den Markt. Die spezialisierten First100-Coachenden bieten eine einzigartige Kombination aus strukturierter Planung, leistungssteigernden Erkenntnissen und starker Ergebnisorientierung. Niamh möchte Führungskräfte dazu befähigen, in den ersten 100 Tagen einen Schritt nach vorne zu machen, indem sie ihnen das Selbstvertrauen und die Fähigkeit gibt, die Herausforderungen zu meistern und in dieser stressigen Zeit erfolgreich zu sein.

Niamh hat eine einzigartige First100assist™-Methodik entwickelt. Der Ansatz ist ergebnisorientiert und stark strukturiert. Er berücksichtigt das gesamte Ökosystem Ihrer Führung: Sie als Führungskraft, Ihre Rolle, Ihr Unternehmen und den Markt. Er wurde überarbeitet und verfeinert durch jahrelange Erfahrung in der Arbeit mit Führungskräften in ihren ersten 100 Tagen.

Internationale Stimmen zu *Die ersten 100 Tage*

„Bietet einen großartigen Ansatz für Ihre ersten 100 Tage. Hilft Ihnen, sich auf das zu konzentrieren, was wirklich wichtig ist."

Peter Rawlinson, Chief Marketing Officer, Malwarebytes

„*Die ersten 100 Tage* wird den Ton angeben für alles, was danach kommt. Dieses Buch ist voller praktischer, bodenständiger Ratschläge, die Ihnen helfen werden, das Beste aus diesen ersten 100 Tagen zu machen. Ich werde dieses Buch allen meinen Executive-MBA-Studierenden empfehlen. Und ich empfehle es auch Ihnen. Wenn Sie einen neuen Job haben, lesen Sie es einfach. Sofort."

John Mullins, Professor, London Business School

„Der Ansatz und die Vorlage von *Die ersten 100 Tage* haben mir bei der Vorbereitung auf ein wichtiges Vorstellungsgespräch geholfen. Ich habe sie benutzt, um meine Führungsvision zu beschreiben und was ich in meinen ersten 100 Tagen tun würde, wenn ich die Stelle bekäme. Ich freue mich mitzuteilen, dass ich die Stelle bekommen habe! Vielen Dank!"

Senior Director, Globale Vertriebseffektivität, Solar Winds

„Niamh O'Keeffe verbindet Schlüsselkonzepte mit Erfahrungen aus dem wirklichen Leben zu einem Vademekum, das Managern und Managerinnen hilft, sich den vielen Herausforderungen einer neuen Rolle zu stellen.

Während dieser 100-tägigen Reise schlüsselt Niamh auf subtile Weise das „Was" und das „Wie" von Führung auf und enthüllt deren wahre Definition und entscheidende Rolle beim Erreichen von Zielen und auf dem Weg zu einer erfolgreichen Führungskraft."

E. Josserand, Investmentbanker, BNP Paribas Bank

„In der heutigen Welt der gemischten Signale und des schnellen Wandels müssen unsere Führungskräfte besser und schneller als je zuvor agieren. Niamhs Modell und Ansatz bieten eine strukturierte Herangehensweise, aber mit der notwendigen Beweglichkeit, um die kritischen ersten 100 Tage zu meistern. Dieses Buch ist ein wertvolles und praktisches Hilfsmittel, um die positive Dynamik zu schaffen, die zu hoher Leistung führt; eine empfehlenswerte Lektüre, die Ihnen einen guten Start in Ihre Rolle und eine lohnende fortlaufende persönliche Dividende bescheren wird."

Mark Spelman, Head of Thought Leadership,
Mitglied des Exekutivausschusses,
Weltwirtschaftsforum

„Entschlüsselt das Geheimnis des Vorankommens, indem es Ihnen einen guten Start ermöglicht."

Gene Reznik, Group Chief Strategy Officer, Accenture

Vorwort zur zweiten Auflage

Ich werde regelmäßig von Lesern und Leserinnen kontaktiert, die die erste Ausgabe als ihren Leitfaden für den Schritt in eine Führungsrolle loben. Interessanterweise haben mir viele Lesende mitgeteilt, dass sie das Buch auch zur Vorbereitung auf eine mögliche Beförderung verwenden. Es ist zum Standard geworden, dass Kandidaten und Kandidatinnen in Vorstellungsgesprächen gebeten werden, einen Vorschlag zu machen, was sie in den ersten 100 Tagen einer neuen Aufgabe tun würden. Mein Buch bietet auch für dieses Szenario eine ideale Vorlage und Struktur.

Es ist fast zehn Jahre her, dass ich die erste Ausgabe geschrieben habe. Es ist nur recht und billig, das Angebot aufzufrischen und für eine immer komplizierter werdende Welt zu aktualisieren, die von ihren Führungskräften mehr Leistung verlangt als je zuvor. Die heute ernannten Führungskräfte brauchen mehr emotionale Belastbarkeit, um mit den ständigen Erschütterungen und Unterbrechungen fertig zu werden, die nun zum Alltag eines Unternehmens gehören. Führungskräfte sehen sich heute einer unberechenbareren und unsicheren Zukunft gegenüber, haben aber auch scheinbar unbegrenzte Möglichkeiten, ihr Geschäftsmodell und ihren Ansatz neu zu gestalten, indem sie die Erschwinglichkeit der neuen Technologien und der künstlichen Intelligenz nutzen.

Ein Aspekt hat sich nicht geändert – wenn Sie mit einer neuen Führungsaufgabe betraut werden, müssen Sie immer sofort durchstarten und das fängt immer noch damit an, dass Sie die ersten 100 Tage in Ihrer Rolle großartig gestalten.

Dieses Buch ist der Höhepunkt all meiner jahrelangen Erfahrung und meines Fachwissens über die ersten 100 Tage, verpackt in einer Art und Weise, die Sie während der Echtzeit-Erfahrung Ihrer Reise unterstützt. Betrachten Sie das Buch als Ihre Coaching-Ressource, wenn Sie sich der Aufregung und Herausforderung einer neuen Rolle stellen. Ich habe nichts von dem zurückgehalten, was ich weiß und meinen Beratungskunden und -kundinnen anbieten möchte.

Im Jahr 2013 habe ich ein Buch zum Thema „Führen Sie Ihr Team in den ersten 100 Tagen" geschrieben und ich habe einige sehr nützliche Brocken aus diesem Buch in diese zweite Ausgabe integriert. Besonderes Augenmerk lege ich auch auf die Fähigkeit der emotionalen Belastbarkeit und darauf, wie man angesichts der überwältigenden Informationen und Erwartungen der Interessengruppen ruhig bleibt. Es gibt wahrscheinlich nichts, was mich noch überrascht, wenn es um einige der kniffligen Szenarien geht, mit denen meine Klienten und Klientinnen in den ersten 100 Tagen umgehen müssen. Es haben sich Muster in Bezug auf häufige Probleme herauskristallisiert, von denen diese glauben, dass sie nur bei ihnen vorkommen. Für den Fall, dass Sie mit den gleichen Problemen zu kämpfen haben, spreche ich diese in einem neuen „Executive Q&A"-Abschnitt in jeder der wichtigen Meilensteinphasen an.

„Es geht um alles oder nichts"

In den ersten 100 Tagen, mehr noch als zu jedem anderen Zeitpunkt im Lebenszyklus einer Führungsposition, sind alle Augen auf Sie gerichtet. Es ist eine Zeit der Belastung und der intensiven Prüfung. Es ist die Zeit, in der sich entscheidet, ob Sie das richtige Fundament für den Rest Ihres ersten Jahres und darüber hinaus legen.

Ich möchte Ihnen helfen, in Ihren ersten 100 Tagen erfolgreich zu sein, so dass alle davon profitieren: Sie, Ihr Team, die Organisation, die Sie eingestellt oder befördert hat, und alle Beteiligten.

Wenn Sie sich von der anstehenden Aufgabe überfordert fühlen, treten Sie einen Schritt zurück, um eine neue Perspektive zu gewinnen. Lassen Sie alle Ängste los. Lösen Sie sich von den Details und denken Sie an das große Ganze. Erkennen Sie an, dass Übergänge schwierig sind, also haben Sie Geduld. Schlüpfen Sie in die Rolle von Lernenden: Seien Sie offen für die sachkundigen Hinweise und Ratschläge, während Sie dieses Buch lesen. Es wurde mit viel Einfühlungsvermögen und mit Blick auf Sie geschrieben.

Ich wünsche Ihnen viel Spaß beim Lesen dieses Buches. Ich hoffe, Sie finden es in seinem Ansatz sowohl strategisch als auch pragmatisch, mit einigen guten Ideen und Einsichten, die in der geschäftlichen Realität Ihrer Situation gründen.

Ich wünsche Ihnen viel Erfolg auf Ihrer Reise in den ersten 100 Tagen!

Niamh O'Keeffe

Danksagung

Ich möchte dieses Buch meinen Eltern, Dave und Ursula, widmen. Vielen Dank für all Eure Liebe und Ermutigung. Vielen Dank an Eloise und Felicity von Pearson, die die Veröffentlichung einer zweiten Auflage enthusiastisch unterstützt haben. Danke an Eimee für Deinen ständigen Rat und Deine Hilfe bei der Entwicklung meines Potenzials. Eine besondere Erwähnung gilt meiner Tochter Meera, deren strahlendes Lächeln und schöner Geist mich jeden Tag inspirieren.

Wie immer möchte ich mich bei meinen Klienten und Klientinnen, insbesondere bei jenen von Accenture, bedanken, die mir die Möglichkeit gegeben haben, in den ersten 100 Tagen mit ihnen zu arbeiten. Ich kam als Hochschulabsolventin zu Accenture, blieb acht Jahre und bin mir bewusst, dass diese Erfahrung mich für den Rest meiner Karriere erfolgreich gemacht hat.

Abschließend möchte ich meinen Lesern und Leserinnen dafür danken, dass sie sich die Mühe gemacht haben, dieses Buch zu lesen und Zeit zu investieren, um eine bessere Führungskraft zu werden. Dies alles ist für Sie. Teilen Sie uns Ihr Feedback zu diesem Buch unter niamh.okeeffe@first100assist.com mit.

Quellennachweise

Textnachweis:
Einleitung: Arthur M. Schlesinger Jr.: Der Historiker Arthur Schlesinger beschrieb die Stimmung bei der Amtseinführung von Franklin D. Roosevelt.

Bildnachweis:
Über die Autorin: Charlotte Haldane: Charlotte Haldane

Einführung

- Hauptmerkmale
- Gründe, dieses Buch zu lesen
- Wer dieses Buch lesen sollte
- Ursprünge des Konzepts der „ersten 100 Tage"

1 Hauptmerkmale

Dieses Buch zeichnet sich dadurch aus, dass es:

- auf einem 100-Tage-Zeitplan basiert
- in 100 Minuten zu lesen ist
- 100 Prozent praktisch ist.

100-TAGE-ZEITPLAN

Das Buch ist so aufgebaut, dass es Sie, die Lesenden, durch die Echtzeit-Herausforderung der ersten 100 Tage in Ihrer neuen Rolle begleitet, indem es eine Kombination aus strukturierter Planung, geschäftlichen Einblicken und Führungscoaching verwendet. Das Buch bietet Ihnen einen hochgradig strukturierten 100-Tage-Zeitplan, wie Sie sich vor dem Start vorbereiten, wie Sie Ihren ersten 100-Tage-Plan schreiben, wie Sie jeden wichtigen Meilenstein nach 30, 60 und 90 Tagen angehen und wie Sie am Ende der 100 Tage erfolgreich abschließen.

IN 100 MINUTEN ZU LESEN

Ich empfehle Ihnen, das Buch in einem 100-minütigen Schnelldurchlauf zu lesen. Und später lesen Sie es noch einmal langsamer und verwenden es als Leitfaden für Ihre Echtzeit-Erfahrung der 100 Tage. Im Einklang mit dem zugrundeliegenden Thema der Leistungssteigerung ist dieses Buch im Stil einer Schnelllektüre für die unter Zeitdruck stehende Führungskraft aufgebaut. Zeit wird oft als knappe Ressource betrachtet, aber nie ist sie knapper als zu Beginn einer neuen Aufgabe, wenn der Druck groß ist, schnell Ergebnisse zu erzielen. Dieses bewusst knapp gehaltene Buch vermittelt in 100 Minuten die entscheidenden Erkenntnisse, damit Sie, die unter Zeitdruck stehende Führungskraft, in dieser intensiven Anfangsphase den größten Erfolg erzielen können.

100 PROZENT PRAKTISCH

Als Coach und Begleiter hilft Ihnen dieses Buch, bessere und schnellere Leistungen zu erbringen, indem es die richtigen Ergebnisse für die 100 Tage festlegt und Ihnen zeigt, wie Sie diese erreichen können. In den ersten 100 Tagen stehen Sie unter Druck und es hilft nicht, die Probleme zu intellektualisieren. Dieses Buch bietet Ihnen einen strukturierten Ansatz, praktische Anleitungen, durchdachte Erkenntnisse und nützliche Ratschläge – alles leicht verständlich und sofort umsetzbar.

2 Gründe, dieses Buch zu lesen

Die wichtigsten Vorteile, wenn Sie Zeit in dieses Buch investieren, sind folgende:

- Ihre zukünftige Karriere hängt davon ab.
- Sie werden schneller Erfolg haben, wenn Sie sofort loslegen.
- Sie werden besser mit starkem Zeitdruck zurechtkommen.
- Sie werden Interessengruppen managen, wenn viel auf dem Spiel steht.
- Ihre Firmeneinführung wird nicht ausreichen.
- Die Fähigkeit zum Übergang ist eine unterschätzte Führungsqualifikation.

IHRE ZUKÜNFTIGE KARRIERE HÄNGT DAVON AB

Die Bedeutung Ihrer ersten 100 Tage ist der Unterschied zwischen Erfolg und Misserfolg in dieser neuen Rolle – und das hat Folgen für Ihre gesamte

Karriere. Wenn Sie in den ersten 100 Tagen erfolgreich sind, bedeutet das natürlich, dass Sie sich auf erfolgreiche erste 12 Monate in dieser Rolle einstellen. Wenn Sie die ersten 12 Monate in Ihrer neuen Rolle erfolgreich gestalten, dann werden Sie wahrscheinlich auch in Ihrer gesamten Amtszeit erfolgreich sein.

Sie werden in dieser Rolle um ihrer selbst willen erfolgreich sein wollen – denn das ist Ihre neue Beförderung und das ist die Aufgabe, die man Ihnen stellt. Aber sehen Sie sich auch das Gesamtbild an. Wenn Sie diese Rolle richtig ausfüllen, wenn Sie in dieser Rolle besser und schneller als erwartet Erfolg haben, dann ist es natürlich wahrscheinlicher, dass Sie früher in eine noch bessere Position befördert werden und sich weiterhin eines schnelleren Erfolgs bei Ihren Karriereambitionen erfreuen können.

Auf das Urteil über den Erfolg einer Führungskraft in den ersten 100 Tagen einer neuen Position kann schnell ein Urteil über ihr Erfolgspotenzial in der nächsten Aufstiegsposition in zwei bis drei Jahren folgen. Es ist ganz einfach: Wenn Sie sich genug Mühe geben, um in den ersten 100 Tagen gute Arbeit zu leisten, werden Sie von Ihren Vorgesetzten und anderen wahrgenommen und die Beförderung folgt von selbst. Die einfache Logik besagt, dass die Hilfe von Fachleuten besser und schneller ist als ein Alleingang. Es ist nicht ungewöhnlich, dass eine Person, die ich berate, innerhalb von 12 Monaten eine weitere Beförderung erhält. Ich habe mit Klienten und Klientinnen an aufeinanderfolgenden Beförderungen gearbeitet, also ist das auch gut für mein Geschäft.

Auch das Gegenteil ist der Fall. Wenn Sie einen langsamen oder gar keinen richtigen Start hinlegen, dann stellen Sie sich vor, wie viel schwieriger es sein wird, die verlorene Zeit wieder aufzuholen, um später erfolgreich zu sein. Wenn Sie es nicht von Anfang an richtig machen, dann riskieren Sie ernsthaft Ihre Erfolgschancen in dieser Rolle, was Ihre zukünftigen Karriereaussichten verzögern oder verringern kann. Denn wenn Sie in dieser Rolle nicht erfolgreich sein können, warum sollte man Ihnen dann eine weitere Beförderung anbieten? Die Bedeutung Ihrer ersten 100 Tage in einer Führungsposition darf im Kontext des Gesamtbildes Ihrer Karriere nicht unterschätzt werden.

SIE WERDEN SCHNELLER ERFOLG HABEN, WENN SIE SOFORT LOSLEGEN

Als Lesende bzw. Lernende können Sie sicher sein, dass dieses Buch Ihnen einen Weg aufzeigt, wie Sie sich selbst organisieren und die gewaltige Herausforderung meistern können, die der Start in diese Rolle darstellt. Oft haben wir das Gefühl, von der Komplexität der Übergabe und den Erwartungen an das, was erreicht werden muss, völlig überrollt zu werden. Die Einarbeitung in eine neue Rolle kann extrem stressig sein und wenn wir nicht klar denken können, können wir uns nicht optimal in die Situation einbringen. Es dauert nicht lange, bis Ihr Terminkalender für Sie zuständig ist und nicht mehr umgekehrt.

Dieses Buch bietet praktische Anleitungen, durchdachte Einblicke und nützliche Ratschläge in handlichen Portionen, die leicht zu verstehen und sofort umsetzbar sind – wie man einen Plan für die ersten 100 Tage schreibt, unterstützt durch eine Zeitleiste und eine Prozessübersicht, was an jedem der wichtigen Meilensteine nach 30, 60 und 90 Tagen zu tun ist.

Mit dieser sachkundigen Hilfe und dem Fachwissen darüber, wie man Führungskräfte dabei unterstützt, das Beste aus ihren ersten 100 Tagen zu machen, werden Sie in der Lage sein, schneller durchzustarten und den zusätzlichen Führungsvorsprung zu erlangen, den Sie brauchen, um schneller erfolgreich zu sein.

SIE WERDEN BESSER MIT STARKEM ZEITDRUCK ZURECHTKOMMEN

Neu ernannte Führungskräfte sind gezwungen, in den ersten 100 Tagen eine großartige Leistung zu erbringen, denn mehr denn je steht man heute unter dem Druck, hohe Investitionsrenditen zu erzielen. Die Beschleunigung der Leistung ist in der heutigen globalen Wirtschaft eine entscheidende Forderung. Für die Geschäftsführenden von börsennotierten Unternehmen sind die ersten 100 Tage die ungefähre Zeitspanne zwischen dem Tag, an dem sie eine neue Stelle antreten, und der Bewertung ihrer Leistung durch die Börse.

Und wenn Sie nicht die Geschäftsführenden sind, stehen Sie genauso unter dem Druck Ihrer Vorgesetzten und der Interessenvertretenden, eine schnelle Rendite für ihre Investition in Sie zu erzielen. Die Gehälter von Geschäftsführenden liegen im sechsstelligen Bereich und die Vermittlungsgebühren für externe Stellen sind extrem hoch. Führungskräfte können sich nicht mehr den Luxus leisten, 12 Monate lang in einer Position zu sein, bevor ihr Wert beurteilt wird. Die Zeit ist vorbei, die ersten drei Monate als Eingewöhnungsphase zu betrachten.

„Die Zeit ist vorbei, die ersten drei Monate als Eingewöhnungsphase zu betrachten."

SIE WERDEN INTERESSENGRUPPEN MANAGEN, WENN VIEL AUF DEM SPIEL STEHT

Normalerweise üben die Interessengruppen Druck aus, damit leistungsstarke Programme erfüllt werden. Ernennungen von Führungskräften werden nicht leichtfertig vorgenommen – in der Regel steht viel auf dem Spiel, eine bedeutende Veränderung oder ein Umschwung ist notwendig und die Menschen erwarten von der neuen Führungskraft Antworten und einen klaren Weg nach vorne.

Der einstellende Manager oder die Managerin, das amtierende Team und andere Beteiligte in der Organisation sehen eine neue Führungsposition in der Regel mit einer Mischung aus Erleichterung und Besorgnis. Die erste Phase der Neubesetzung einer Führungsposition ist nicht nur ein Neuanfang, sondern wirft auch Bedenken auf, wie das Ganze funktionieren soll. Es ist eine Zeit intensiver gegenseitiger Prüfung und ein Erfolg in den ersten 100 Tagen hat einen entscheidenden Einfluss auf den Erfolg der Interessengruppen in den ersten 12 Monaten und darüber hinaus.

IHRE FIRMENEINFÜHRUNG WIRD NICHT AUSREICHEN

Durch meine Erfahrung als Headhunterin bei der Vermittlung von Führungskräften in der Londoner City habe ich festgestellt, dass zwar viel Zeit und Aufmerksamkeit auf die Einstellung und Bewertung potenzieller neuer Mitarbeitender verwendet wird, dass aber dem effektiven

Übergang in ein Unternehmen unverhältnismäßig wenig oder gar keine Aufmerksamkeit geschenkt wird.

In den letzten Jahren sind die Unternehmen aufgeklärter geworden und haben in die Entwicklung interner Einführungsprogramme für externe Berufungen investiert. Der Schwachpunkt dieser Programme ist jedoch, dass sie oft nicht sachkundig zusammengestellt sind oder sich nicht über einen Zeitraum von 12 Monaten erstrecken. Stattdessen äußern sie sich in einer Informationsflut über die Abläufe im Unternehmen, was die neu eingestellte Führungskraft nur noch mehr verunsichert.

In vielen Unternehmen erfolgt die Einarbeitung vollständig online und ohne menschlichen Kontakt. Manchmal wird Führungskräften eine fachkundige Unterstützung durch Dritte angeboten, um den Aufstieg in die Führungsetage oder die erfolgreiche Eingewöhnung in eine neue Organisation zu erleichtern. Dabei handelt es sich jedoch in der Regel um ein sanftes „unterstützendes" Coaching und nicht um ein eher kommerziell ausgerichtetes Coaching zur Leistungssteigerung.

Ich habe mit den besten globalen Unternehmen der Welt zusammengearbeitet und bin noch nie auf eine interne organisatorische Lösung gestoßen, die neu ernannten externen Mitarbeitenden oder intern Beförderten gerecht wird – außer auf der Ebene der Hochschulabsolvierenden und der Konzernvorstände. Dazwischen gibt es in der Regel sehr gute Programme zur Entwicklung von Führungskräften für neu ernannte Manager und Managerinnen, aber ansonsten ist der Führungswechsel ein völlig unzureichend bedachter Markt.

Unabhängig davon, ob eine interne Organisationseinführung in irgendeiner Form für externe Ernennungen existiert, gibt es selten irgendeinen Prozess, der intern beförderte Mitarbeitende dabei unterstützt, in einer neuen Rolle aufzusteigen und erfolgreich zu sein. Dieses Buch füllt diese Lücke für diejenigen, die intern befördert wurden und denen es noch schwerer fällt, sich in einer neuen Rolle innerhalb desselben Unternehmens zu behaupten.

DIE FÄHIGKEIT ZUM ÜBERGANG IST EINE UNTERSCHÄTZTE FÜHRUNGSQUALIFIKATION

Sie können die bestmögliche Person für den Job sein, aber es ist eine Kunst, den Übergang zu schaffen, und ein effektiver Übergang muss stattfinden, bevor Ihre Talente glänzen können. Ich habe selbst beobachtet, wie talentierte Menschen immer wieder an ihrem Erfolg scheiterten. Ich habe beobachtet, dass dies zu vergeudeten Chancen für alle führte: im Minimum zu erheblicher Frustration, im Maximum zum Verlust des Arbeitsplatzes für eine talentierte Person sowie zu einer Verschwendung von teuren Einstellungsgebühren und investierter Zeit für die Organisation.

Es ist auch ein Verlust für das Team, dem es vor der neuen Ernennung zwangsläufig an Führung fehlte und das nun erneut ein Führungsversagen, eine weitere Führungslücke und einen weiteren Versuch des Neubeginns mit der nächsten Person ertragen muss. Anstatt zu erkennen, dass Organisationen mit einer starken Kultur mehr tun müssen, um externe Mitarbeitende bei einem erfolgreichen Übergang zu unterstützen, wird auf die neue Person Druck ausgeübt, unterzugehen oder zu schwimmen. Was nützt es beiden Parteien, wenn die neue Person die ersten 100 Tage völlig unter Stress und ohne Unterstützung erlebt und schließlich untergeht?

3 Wer dieses Buch lesen sollte

Dieses Buch ist für alle neu ernannten Führungspersönlichkeiten in einer Vielzahl von Kontexten relevant.

Externe Angestellte werden höchstwahrscheinlich von diesem Buch angezogen, weil sie die Chancen und Risiken kennen, die mit dem Wechsel des Unternehmens verbunden sind. Dieses Buch ist jedoch vor allem für intern ernannte Führungskräfte von Bedeutung. Als interne Mitarbeitende sind Sie bereits bekannt, „institutionalisiert" und wahrscheinlich in Bezug auf die Themen vorprogrammiert. Es ist schwer, eine neue Perspektive einzubringen, wenn Sie schon immer dabei waren. Seien wir ehrlich, eine extern ernannte Person ohne all den internen Ballast kann schon allein durch ihr Kommen einen anfänglichen Vorteil haben.

Externe Ernennungen	• Ein neues Unternehmen und eine neue Position sind eine Gelegenheit für einen Neuanfang und eine Neuausrichtung des Führungsansatzes. Dieses Buch bietet Inspiration, Struktur, Herangehensweisen und Ideen.
Interne Beförderungen	• Möglicherweise schwieriger, eine neue Wirkung zu erzielen, weil Sie bereits bekannt sind. Dieses Buch wird Ihnen helfen, Ihren Ansatz neu zu denken oder neu zu erfinden und Ihre Stakeholder und Stakeholderinnen zu beeindrucken.
Rotationen aus dem Aus- oder Inland	• Ein Wechsel von Land und Kultur hat seine ganz eigenen Herausforderungen. Dieses Buch hilft Ihnen, den Blick für das große Ganze zu bewahren und einen guten Start zu organisieren.
Rückkehrende	• Dieses Buch ist relevant für eine gut geplante Rückkehr zur Arbeit – entscheidend für Mütter und andere, die wegen der Betreuung von Kindern oder aus anderen Gründen für längere Zeit aus dem Beruf ausgestiegen sind.
Ernennungen von diversen Personen	• Dieses Buch unterstützt Sie dabei, sich in den ersten 100 Tagen in einem Umfeld zurechtzufinden, in dem Ihre Mitarbeitenden, Ihr Team oder Ihre Interessengruppen ganz anders zu sein scheinen als Sie.
Kandidat/-innen im Vorstellungsgespräch	• Es wird immer üblicher, dass man als Teil des Auswahlverfahrens in Vorstellungsgesprächen gefragt wird, was man in den ersten 100 Tagen plant, wenn man den Job bekommt.

Es gibt noch eine weitere Gruppe, die von diesem Buch profitieren würde – Kandidaten und Kandidatinnen, die sich auf Vorstellungsgespräche vorbereiten und sich um eine Beförderung bewerben. Als ich die vielen Rezensionen der ersten Ausgabe dieses Buches las, fiel mir auf, dass einige Leute sagten, sie würden im Rahmen ihres Einstellungsgesprächs und Auswahlverfahrens um einen Plan für die ersten 100 Tage gebeten. Die Struktur dieses Buches bot ihnen eine Vorlage und einen Ansatz, wie sie darüber nachdenken sollten, was sie tun würden, wenn sie die Stelle bekämen.

Unabhängig vom Kontext sind die Eigenschaften der potenziellen Lesenden oder Lernenden in Bezug auf dieses Material letztlich gleich:

- **Ehrgeizig:** Dieses Buch richtet sich an ehrgeizige Führungskräfte, von denen einige bereits eine rasante Karriere hinter sich haben, oft vor ihren Kollegen und Kolleginnen befördert wurden und immer noch sehr daran interessiert sind, ihre Karriere weiter voranzutreiben, möglicherweise bis hin zu Geschäftsführenden ihres Konzerns. Dieses Buch wird für Sie von Wert sein, weil es neue Blickwinkel und Ideen untersucht und der ehrgeizigen Führungskraft einen zusätzlichen Vorteil bietet.

- **Begierig, etwas zu bewirken:** Sie suchen ungeduldig nach den Antworten auf Ihre Probleme. Dieses Buch bietet Ihnen die sofortige Lösung in nur 100 Minuten Lesedauer. Nehmen Sie dieses Buch mit auf Ihre nächste Zug- oder Flugreise und Sie werden Ihre Reisezeit optimal nutzen und die produktivste Reise erleben, die Sie je unternommen haben.
- **Klug, erfahren, erfolgreich:** Mir ist aufgefallen, dass sich viele Wirtschaftsbücher an Manager und Managerinnen richten und nicht an die hochrangigen Führungskräfte in Unternehmen. Dieses Buch wird für Sie wertvoll sein, denn es ist intellektuell anspruchsvoll und aufschlussreich – geschrieben für kluge, erfahrene, erfolgreiche Führungskräfte – und es ist nicht plump oder zu sehr vereinfacht.
- **Bestrebt, nicht zu versagen:** Alle, die gerade eine große Beförderung erhalten haben, sind entschlossen, erfolgreich zu sein, und wollen nicht versagen. Eine große Beförderung ist ein wichtiger Schritt und der persönliche Einsatz wird sich enorm anfühlen. Sie werden nach Antworten suchen, nach Insider-Informationen – nach einem Einstieg – und dieses Buch gibt Ihnen die Gewissheit, wie Sie sich am besten auf die Rolle vorbereiten, Ihren Plan für die ersten 100 Tage schreiben und ihn erfolgreich umsetzen können.

4 Ursprünge des Konzepts der „ersten 100 Tage"

Ursprünglich wurde der Begriff verwendet, um die Geschwindigkeit und die Reichweite der legendären ersten 100 Tage von US-Präsident Roosevelt im Amt zu beschreiben – und als Maßstab, an dem später viele andere amerikanische Präsidenten sowie Politiker und Politikerinnen hinsichtlich des Tempos, mit dem sie ihre eigenen Verwaltungen mobilisiert haben, gemessen wurden. Der Begriff hat inzwischen Eingang in das Wirtschaftslexikon gefunden, um die Anfangsphase einer neuen Führungsposition zu beschreiben. Er hat sich zu einer effektiven Methode entwickelt, um einen begrenzten Zeitraum festzulegen, in dem die neu ernannte Führungspersönlichkeit den Stakeholdern und Stakeholderinnen erste Aktionen, Erfolge und greifbare Ergebnisse vorweisen kann.

FRANKLIN D. ROOSEVELT – DIE LEGENDÄREN ERSTEN 100 TAGE IM AMT

Franklin D. Roosevelt (FDR) wurde am 4. März 1933 in sein Amt als Präsident der USA eingeführt. Das geschah mitten in einer erschreckenden Bankenpanik. Der Historiker Arthur Schlesinger beschrieb die Stimmung bei FDRs Amtsantritt: „Jetzt ging es darum, zu sehen, ob eine repräsentative Demokratie den wirtschaftlichen Zusammenbruch überwinden konnte. Es ging darum, Gewalt abzuwehren – manche meinten sogar, eine Revolution."

Fast 13 Millionen Menschen in den USA – jede vierte Person – waren arbeitslos. Neunzehn Millionen Menschen waren auf magere Hilfszahlungen angewiesen, um zu überleben. Arbeitende, die das Glück hatten, einen Job zu haben, verdienten im Durchschnitt nur zwei Drittel dessen, was sie zu Beginn der Depression 1929 verdient hatten. Viele derjenigen, die Geld hatten, verloren es: In den ersten beiden Monaten des Jahres 1933 brachen 4.000 Banken zusammen. Die Notlage war so groß, dass einige auf diktatorische Befugnisse drängten, aber FDR lehnte die Aussetzung der verfassungsmäßigen Regierung ab. Stattdessen begann er mit einem Plan des „Handelns, und zwar sofort", um diese gewaltige Krise zu bewältigen. Die Geschwindigkeit und der Umfang seiner Maßnahmen waren beispiellos.

Die legendären ersten 100 Tage von FDR konzentrierten sich auf den ersten Teil seiner Strategie: sofortige Entlastung. Er verhinderte erfolgreich einen Ansturm auf die Banken, indem er sofort „Bankferien" ausrief und alle Banken auf unbestimmte Zeit schloss, bis die Bankiers und die Regierung die Situation wieder unter Kontrolle hatten. Vom 9. März bis zum 16. Juni 1933 schickte FDR dem Kongress eine Rekordzahl von Gesetzesvorlagen, die alle problemlos verabschiedet wurden. Der zweite Teil seiner Strategie bestand darin, die Wirtschaft des Landes nachhaltig zu reformieren. Die ersten 100 Tage waren wichtig, weil sie dem New Deal zu einem starken und frühen Start verhalfen, der zu vielen wichtigen Programmen führte, die heute in den USA als selbstverständlich gelten.

▶

Viele spätere Präsidenten haben die ersten 100 Tage als Maßstab verwendet, um ihre eigenen Regierungen zu mobilisieren. Wohl keinem ist es gelungen, die legislative Agenda von FDR zu verwirklichen. In weniger als vier Monaten wurde die Wirtschaft stabilisiert, Häuser und Farmen wurden vor der Zwangsvollstreckung bewahrt und massive Hilfs- und Arbeitsprogramme nahmen sich der dringenden Bedürfnisse der Menschen an. Am wichtigsten war es, dass die ersten 100 Tage die Hoffnung wiederherstellten und dabei die demokratische Regierung in den USA bewahrten.

Der Kontext Ihrer ersten 100 Tage wird nicht so dramatisch sein wie der von Präsident Roosevelt. Dennoch erwarten Unternehmen wie Aktionäre und Aktionärinnen von ihren Führungskräften bessere und schnellere Leistungen als je zuvor.

Die Führungskräfte in den heutigen Hochleistungsunternehmen stehen unter extremem Druck und müssen in der Lage sein, die Verantwortung zu übernehmen und schnell zu handeln.

Erster Teil

Beginn

Die Natur von Anfängen: Der Anfang einer Aufgabe bringt eine berauschende Mischung aus Aufregung, Vorfreude und auch Nervosität mit sich. Man hat das Gefühl, die „besondere Person" zu sein, die aus den anderen herausgegriffen wird, um eine wichtige Rolle zu übernehmen. Aber es gibt auch ein Gefühl der Beklemmung – bin ich wirklich gut genug? Werde ich Erfolg haben oder versagen?

„Werde ich Erfolg haben oder versagen?"

Führungskräfte, egal wie erfahren sie sind, sind emotionale Wesen wie alle anderen auch. Meiner Erfahrung nach schwanken alle, die ihre ersten 100 Tage vor sich haben, zwischen diesen Gefühlen der „Besonderheit/Überlegenheit" und der „Besorgnis/Unterlegenheit". Die Regulierung Ihrer Emotionen in der Anfangsphase Ihrer ersten 100 Tage ist ein wichtiger Schlüssel zu Ihrem Erfolg. Zu Beginn einer wichtigen Stellenbesetzung fühlen sich manche Führungskräfte von einem Gefühl der Panik und Versagensangst überwältigt. Andere sind übermäßig zuversichtlich und unterschätzen die vor ihnen liegenden Herausforderungen völlig. Versuchen Sie, sich von Anfang an in der Mitte zu halten. Wenn es Ihnen gelingt, auf dem Boden der Tatsachen zu bleiben und sich ruhig und zuversichtlich zu fühlen, haben Sie die Chance, den bestmöglichen Start in die neue Aufgabe zu haben.

Es mag seltsam erscheinen, vor allem für jüngere Leute, die denken, dass ihre Führungskräfte immer wissen, was zu tun ist, aber ich habe festgestellt, dass auch leitende Angestellte sehr oft nicht wissen, wie sie in einer neuen Rolle richtig anfangen sollen. Schließlich gibt es so viel zu tun und manchmal kann es sehr schwierig sein, den ersten Schritt zu machen und anzufangen. Die Versuchung ist groß, einfach loszulegen und das erste Problem anzugehen, das sich auftut, und dann das nächste und das nächste. Noch bevor Sie überhaupt angefangen haben, füllt sich Ihr Terminkalender mit Besprechungen und es ist zu einfach, nur damit beschäftigt zu sein, beschäftigt zu sein.

Die Menschen denken oft, auf die Tretmühle zu springen, sei der Ansatz, mit dem sie beginnen sollten, aber es ist nicht der beste Weg. Er ist zu kurzfristig, zu reaktiv. Es ist sicherlich nicht der durchdachteste oder strategischste Weg, um eine neue Aufgabe anzugehen. Ehe Sie sich versehen, hat Ihr Terminkalender das Sagen und Sie haben die Gelegenheit verpasst, Ihre strategischen Prioritäten neu zu setzen, aufzufrischen oder neu zu formulieren, wo Sie wirklich Ihre Zeit und Energie investieren sollten.

In den folgenden Kapiteln dieses Abschnitts über den Beginn skizziere ich einen Ansatz und die wichtigsten Schritte, die Sie unternehmen können, um sich vorzubereiten, bevor Sie eine Stelle offiziell antreten, und was Sie bei Ihrer Ankunft tun sollten.

First100™-Fallstudie

„Es ist toll, dass ich den Job bekommen habe, aber was jetzt?!"

Mit 36 Jahren und als relativ junges Mitglied des europäischen Führungsteams seines Unternehmens war Ashley überrascht, aber erfreut, als er den Anruf von der Geschäftsführung der Gruppe erhielt und von seiner unerwartet schnellen Beförderung in eine globale Führungsrolle als Globaler Vertriebsleiter für Premiumdienste erfuhr. Er würde für den Vertrieb und das Marketing der Geschäftsbanksparte Premiumdienste verantwortlich sein und sich zunächst auf die Strategie für Kunden und Kundinnen in Europa und Asien konzentrieren.

Die bisherige Stelleninhaberin, Fiona, hatte unerwartet gekündigt, um zur Konkurrenz zu wechseln. Aufgrund des vertraulichen Charakters der Rolle und ihres Wechsels zur Konkurrenz war Fiona von Sicherheitskräften aus dem Gebäude begleitet worden – eine nahtlose Übergabe stand also nicht zur Debatte. Ashley wusste nicht, welche Team-Probleme er von seiner Vorgängerin erben würde, aber er erinnerte sich, gehört zu haben, dass Fiona einen altmodischen Führungsstil pflegte, sehr hierarchisch war und dazu neigte, ihr Team zu spalten, indem sie sich auf einige wenige Favoriten in ihrem inneren Kreis verließ, um die Dinge zu erledigen.

▶

Der asiatische Markt wäre extrem wichtig, aber keine der internen oder externen asiatischen Interessengruppen war mit Ashley vertraut. Das Beziehungsmanagement ist in Asien von entscheidender Bedeutung und das hieß, dass Ashley bereits im Hintertreffen war, wenn es darum ging, allein über den guten Ruf etwas zu erreichen.

Das Unternehmen stand unter erheblichem Druck der Aktionäre und Aktionärinnen, schnell hohe Wachstumsraten zu erzielen, und Ashleys Umsatz- und Wachstumspotenzial machte bis zu 10 Prozent des weltweiten Unternehmensumsatzes aus. Das Team, das er erben würde, war eine gemischte Gruppe, was die Fähigkeiten anging, und er wusste bereits aus Gesprächen mit der Geschäftsführung, dass seine erste Aufgabe darin bestehen würde, ein Teammitglied zu feuern, das kürzlich bei der Erfüllung der ethischen Standards, die in seiner Rolle erwartet wurden, versagt hatte.

Das Team war verärgert über den plötzlichen Weggang von Fiona und war sich nicht sicher, welche Art von Arbeitsstil es von seinem neuen Chef erwarten konnte. Immerhin war er jünger als die meisten von ihnen. Einige Teammitglieder ärgerten sich über die jüngste Politik des Unternehmens, jüngere Talente, die zwar intelligent waren, aber ihrer Meinung nach nicht über die nötigen Jahre an Erfahrung verfügten, schnell zu befördern.

Abgesehen von der geforderten Entlassung war es für Ashley nicht sofort klar, was er mit dem Team tun oder wie er die ganze Aufgabe angehen sollte. Es handelte sich nicht um eine etablierte Position; sie wurde erst vor vier Jahren hauptsächlich als Reaktion auf die Gelegenheit in Asien geschaffen und es gab keine schriftliche Stellenbeschreibung. Die ihm direkt vorgesetzte Person war CEO der Gruppe – mit vielen dringenden eigenen Prioritäten – und erwartete einfach, dass Ashley die Sache in die Hand nahm und seine eigene Rolle und seine Führungsziele definierte. Dies war eine dieser „Geh-unter-oder-schwimm"-Positionen mit hoher ▶

Intensität – hochkarätig, hochgradig lohnend, aber auch hochriskant in Bezug auf die Karriere.

Ashley war durch seine derzeitigen Aufgaben und bestehenden Probleme bis zum Ende des Kalenderjahres und bis zur Ernennung eines Nachfolgers oder einer Nachfolgerin eingebunden. Das bedeutete, dass es in den nächsten acht Wochen darum gehen würde, seinen aktuellen Job zu beenden und eine Nachfolge zu finden, ohne dass er überhaupt Zeit hätte, über den neuen Job nachzudenken.

Ashley war ehrgeizig und er wusste, dass er, wenn er sich in dieser neuen Rolle bewähren würde, schnell in den Vorstand des Konzerns aufsteigen könnte.

Plötzlich fühlte sich der Druck der Beförderung enorm an. Am Montagmorgen um 4 Uhr, zwei Wochen vor dem Starttermin, wälzte sich Ashley hin und her und konnte nicht schlafen. *„Es ist toll, dass ich den Job bekommen habe, aber was jetzt?!"*

@ Vor dem Start

- Lassen Sie Ihre bisherige Rolle los
- Richten Sie Ihr Energiemanagementsystem ein
- Verstehen Sie die Herausforderungen des Übergangs
- Erstellen Sie Profile Ihrer Rolle, Ihres Unternehmens und Ihres Marktes
- Bereiten Sie sich auf Ihr Team und Ihr Team auf Ihre Ankunft vor
- Executive Coaching Q&A: Beratung zu Fragen und Szenarien vor dem Start

1 Lassen Sie Ihre bisherige Rolle los

Die Aussage, dass Sie als erstes Ihre derzeitige Rolle abgeben sollten, mag wie eine Feststellung des Offensichtlichen erscheinen, aber meiner Erfahrung nach lösen sich die Menschen nicht schnell genug von ihrer bisherigen Rolle. Sie wissen genau, was in Ihrer derzeitigen Rolle von Ihnen erwartet wird, und Sie haben vielleicht eine gut funktionierende Arbeitsbeziehung zu Ihrem Chef oder Ihrer Chefin aufgebaut. Der Wechsel von diesem Szenario zu einer neuen herausfordernden Aufgabe und neuen Vorgesetzten kann Sie völlig aus Ihrer Komfortzone bringen.

Auch wenn Sie sagen, dass Sie die neue Rolle wirklich wollen, kann es sich anfangs leichter anfühlen, sich eine Zeit lang nicht festzulegen. Sie können sich sogar bewusst oder unbewusst gegen den Wechsel wehren, indem Sie einem neuen Stellenangebot alle möglichen Hindernisse in den Weg legen: „Ich kann noch nicht anfangen. Ich brauche mehr Zeit. Meine Vorgesetzten werden mich niemals gehen lassen" usw.

Menschen bleiben aus den falschen Gründen in ihrer früheren Rolle:

- Emotionale Bindung an das Team
- Vorliebe, in der Komfortzone zu bleiben
- Sorge, mit allem abzuschließen, bevor sie gehen
- Falscher Glaube, dass niemand anders gut genug sein könnte, um die Nachfolge anzutreten

„Es ist vorbei, also geben Sie es ab."

Sabotieren Sie nicht eine großartige neue Gelegenheit. Machen Sie sich klar, dass niemand unentbehrlich ist. Sie können ersetzt werden. Lassen Sie los und gehen Sie weiter. Ihre derzeitigen Bindungen so schnell wie möglich loszulassen, ist ein entscheidender erster Schritt, denn Sie müssen Ihre gesamte Zeit, Energie und Ihre Gedanken auf die neue Rolle konzentrieren. Denken Sie also daran, egal wie engagiert Sie sind, Ihre letzte Rolle war Ihre Verantwortung, aber sie ist nicht mehr Ihre Verantwortung. Sobald Sie von Ihrer neuen Rolle erfahren haben, sollten

Sie sofort damit beginnen, Ihre vorherige Rolle zu beenden. Ich vergewissere mich immer, dass meine Klienten und Klientinnen zu 100 Prozent von ihrer alten Rolle losgelöst und zu 100 Prozent auf die neue Rolle konzentriert sind. Andernfalls haben wir einen langsamen Start.

Wenn es sich um eine interne Anstellung handelt, kann der Abschied verständlicherweise schwieriger sein als für eine externe Person, die vertraglich ihr Unternehmen und physisch ein Gebäude verlässt.

Ihr interner Übergang kann sich auch schwieriger gestalten, wenn von Ihnen erwartet wird, dass Sie beide Rollen übernehmen, bis Ihre Nachfolge gefunden ist. Ein schnellerer Erfolg in den ersten 100 Tagen ist bereits gefährdet, wenn Sie versuchen, zwei Aufgaben gleichzeitig zu übernehmen. Was können interne Mitarbeitende also tun, um in den ersten 100 Tagen einen schnelleren Start hinzulegen?

Diejenigen, die intern befördert werden, müssen sehr durchsetzungsfähig sein und künstlich den gleichen Kontext wie bei einer externen Einstellung herstellen:

- Verhandeln Sie ein klares Enddatum für Ihre aktuelle Rolle.
- Ernennen Sie eine Interimsvertretung, wenn Ihre Nachfolge noch nicht vor Ort ist, und machen Sie eine vollständige Übergabe.
- Vereinbaren Sie ein offizielles Datum für den Beginn der neuen Rolle und fangen Sie erst dann an.

2 Richten Sie Ihr Energiemanagementsystem ein

Die ersten 100 Tage sind eine intensive Phase. Alle Augen sind auf Sie gerichtet und es besteht ein erheblicher Druck, einen großen Eindruck zu hinterlassen und schnell Ergebnisse zu liefern. Versuchen Sie also, sich zwischen den einzelnen Aufgaben Zeit zu nehmen, um sich auszuruhen, sich von Ihrer vorherigen Aufgabe zu erholen und sich auf die neue Herausforderung vorzubereiten. Stellen Sie sich vor, Sie wären ein

Unternehmenssportler oder eine Unternehmenssportlerin und würden sich zwischen schweren Wettkämpfen ausruhen.

„Sie müssen fit sein und einen Energieüberschuss haben."

Wenn möglich, machen Sie eine Pause zwischen den Stellen. Das befreit den Kopf von der alten Aufgabe und steigert das Energieniveau und die Perspektive für die ersten 100 Tage in der neuen Rolle. Sie müssen fit sein und einen Energieüberschuss haben, um eine neue Aufgabe zu übernehmen und gleich zu Beginn eine starke Wirkung zu erzielen.

Tabelle 1.1 Energiemanagement in Ihren ersten 100 Tagen

Kümmern Sie sich um Ihren Geist	Planen Sie vor, während und nach der Arbeit genügend Zeit und Raum für sich selbst ein, damit Sie sich entspannen und den aufgestauten Druck abbauen können.
Pflegen Sie Ihren Körper	Treiben Sie regelmäßig Sport, essen Sie gesund und nahrhaft. Versuchen Sie, zusätzliche Reserven in Ihrem System zu bilden.
Bitten Sie andere, Sie zu unterstützen	Holen Sie sich Hilfe von Dritten. Finden Sie einen internen Mentor oder eine Mentorin. Engagieren Sie Coachende für Führungskräfte. Verhandeln Sie mit Ihren Angehörigen über zusätzliche Unterstützung und Spielraum. Pflegen Sie ein ruhiges und förderndes Privatleben.

Denken Sie nicht, dass die nächsten 100 Tage in Ihrem Privatleben wie immer verlaufen. Wenn Sie eine neue Aufgabe übernehmen, ist das mit erhöhtem Stress verbunden. Adrenalin wird fehlende Reserven ausgleichen, aber verstärken Sie den Druck nicht noch, indem Sie das Haus renovieren lassen oder die Schwiegereltern zu Besuch kommen. Behalten Sie einen kühlen, klaren Kopf und pflegen Sie ein ruhiges Privatleben, wenn Sie in den ersten 100 Tagen schnelleren Erfolg haben wollen.

In meiner Laufbahn als Coachin für Führungskräfte ist mir ein Muster aufgefallen: Führungskräfte fühlen sich in ihren ersten 100 Tagen schlecht. Es äußert sich in der Regel dadurch, dass meine Kunden und Kundinnen mir beiläufig erzählen, dass sie eine „starke Erkältung" haben. Und es ist immer mit einem Anflug von Überraschung verbunden: „Ich bin sonst nie krank."

Es wurde so getan, als ob es sich um ein völlig separates Ereignis handelte und nicht im Zusammenhang mit dem erhöhten Stress durch die Aufnahme eines neuen Jobs stand – was zeigt, dass man sich der Ursache (großer Stress) und der Wirkung (große Erkältung) überhaupt nicht bewusst war.

Jetzt bringe ich den Menschen, die ich berate, proaktiv bei, dass das, was in ihrem Körper vor sich geht, eine körperliche Manifestation oder eine Auswirkung der Herausforderung der ersten 100 Tage sein kann. Wir kommen der Kurve zuvor, indem wir frühzeitig Taktiken zur Bewältigung oder Abschwächung steigender Stresspegel anwenden. Ein Plan für die ersten 100 Tage hilft den Klienten und Klientinnen, sich selbstbewusster, kontrollierter und weniger gestresst zu fühlen. Aber ich ermutige sie auch, sich an den Wochenenden Zeit für Entspannungsübungen zu nehmen, wie Golf oder Yoga. Ich schlage auch vor, dass sie sich während des Arbeitstages regelmäßig Zeit für sich selbst nehmen, um ihren Geist zu beruhigen und ihre Prioritäten neu zu setzen. Das können schon 15 Minuten am Morgen und nochmals 15 Minuten am Nachmittag sein – und doch sind die Vorteile erstaunlich, denn sie sorgen dafür, dass Sie den ganzen Tag über ruhig bleiben und sich auf die richtigen Prioritäten konzentrieren.

3 Verstehen Sie die Herausforderungen des Übergangs

Die wichtigste Aufgabe für eine Führungskraft, die in den ersten 100 Tagen erfolgreich sein will, besteht darin, die richtigen strategischen Prioritäten zu setzen und sich auf diese zu konzentrieren. Klingt einfach? Leider ist das leichter gesagt als getan. Es gibt eine Reihe von Herausforderungen, die mit jedem Übergang einhergehen und die die neu ernannte Führungskraft betreffen. Diese können die guten Absichten zunichtemachen und der erfolgreichen Erfüllung der Hauptaufgabe im Wege stehen.

Hier sind einige der häufigsten Herausforderungen beim Übergang:

- Zeitdruck und intensive Lernkurve.
- Überwältigt zu sein von sofortiger „Brandbekämpfung" und aufgabenorientierten Prioritäten.
- Die Notwendigkeit, Energie in den Aufbau neuer Netzwerke und Beziehungen zu neuen Interessengruppen zu investieren.
- Umgang mit Altlasten des Vorgängers oder der Vorgängerin.
- Herausforderungen bei der Übernahme oder dem Aufbau eines Teams und bei schwierigen Personalentscheidungen.
- Bei externen Stellenbesetzungen kann ein Mangel an Erfahrung mit der neuen Unternehmenskultur zu unbeabsichtigten Fauxpas und frühen politischen Fehltritten führen, von denen man sich nur langsam erholen kann.
- Das richtige Gleichgewicht zwischen zu schnellem und zu langsamem Vorankommen finden.

All diese Punkte sind es wert, bedacht zu werden, also lesen Sie sich die Liste durch und nehmen Sie sich etwas Zeit, um darüber nachzudenken, inwieweit jede dieser Herausforderungen auf Ihren Kontext zutrifft. Gehen Sie die Liste in Tabelle 1.2 durch und wenden Sie jeden Punkt auf Ihre eigenen Umstände an, um ein besseres Verständnis dafür zu bekommen, was auf Sie zukommt.

Tabelle 1.2 Herausforderungen beim Übergang

Zeitdruck und intensive Lernkurve	Es dauert eine Weile, bis Sie sich mit dem Inhalt Ihrer neuen Position vertraut gemacht haben, und dennoch können die Wirtschaft und die Märkte nicht darauf warten, dass Sie aufholen. Es müssen immer noch Entscheidungen getroffen werden und folglich kann sich Druck aufbauen, der bewältigt werden muss, damit Sie weiterhin effektiv arbeiten können.
Überwältigt zu sein von sofortiger „Brandbekämpfung" und aufgabenorientierten Prioritäten	Es wäre verlockend, sich in die unmittelbaren geschäftlichen Aufgaben und Probleme zu stürzen. Aber Sie müssen die Charakterstärke haben, einen Schritt zurückzutreten und sich Zeit zu nehmen, um das große Ganze zu betrachten: Welche Aufgaben sollten Sie fortsetzen, was sollten Sie aufgeben und was sollten Sie beginnen?

Die Notwendigkeit, Energie in den Aufbau neuer Netzwerke und Beziehungen zu neuen Interessengruppen zu investieren.	Es hat keinen Sinn, die richtige Vision und Strategie zu haben, wenn Sie die Menschen nicht mitnehmen können. Die Kultur ist vielleicht schwerfällig – die Menschen können sich gegen die Veränderungen wehren, die Sie mitbringen. Investieren Sie frühzeitig in das Netzwerk von Einflussnehmenden und Interessengruppen.
Umgang mit Altlasten des Vorgängers oder der Vorgängerin	Je nach der Qualität Ihres Vorgängers oder Ihrer Vorgängerin hat Ihre Abteilung einen guten oder schlechten Ruf und Ihr Team hat vielleicht schlechte Gewohnheiten, Verhaltensweisen und Disziplinen entwickelt, deren Beseitigung einige Zeit dauern wird. Oder Sie müssen das Szenario ertragen, dass Sie in die Fußstapfen einer sehr beliebten Führungskraft treten und anfangs als die neue Person angefeindet werden, deren Aufgabe es ist, die Art und Weise, wie die Dinge bisher gemacht wurden, zu ändern.
Herausforderungen bei der Übernahme oder dem Aufbau eines Teams und bei schwierigen Personalentscheidungen	Erwarten Sie nicht, dass leistungsschwache Mitarbeitende bereits vor Ihrer Ankunft aussortiert worden sind. Eine wichtige Aufgabe in Ihren ersten 100 Tagen wird darin bestehen, die Qualität Ihres Teams zu bewerten: wer bleibt, wer geht und welche neuen Talente an Bord benötigt werden. Leider ist es möglich, dass Ihre besten Talente jetzt demotiviert und verärgert sind – und folglich schlechte Leistungen erbringen –, weil sie sich erfolglos auf Ihre Stelle beworben haben.
Bei externen Stellenbesetzungen kann ein Mangel an Erfahrung mit der neuen Unternehmenskultur zu unbeabsichtigten Fauxpas und frühen politischen Fehltritten führen, von denen man sich nur langsam erholen kann	Alles, was Sie tun, wird als Zeichen Ihres Charakters gewertet, von den harmlosesten bis zu den wichtigsten Dingen. Wenn Sie während eines Meetings auf Ihr Smartphone schauen, kann das Ihre neuen Stakeholder und Stakeholderinnen zutiefst verletzen, die diese Handlung als Hinweis darauf werten, dass Sie dreist, uninteressiert und arrogant sind. Sie müssen in „höchster Alarmbereitschaft" sein, um bewusst Hinweise auf die akzeptablen Normen und Verhaltensweisen in Ihrer neuen Kultur aufzunehmen.
Das richtige Gleichgewicht zwischen zu schnellem und zu langsamem Vorankommen finden	Neu ernannte Personen geraten manchmal in Panik und das kann dazu führen, dass sie entweder zu viel tun (zerstreutes Vorgehen, ohne die Kernprobleme anzugehen) oder zu wenig tun („Ich werde die ersten drei Monate nur zuhören und lernen und dann entscheiden, was zu tun ist"). Keines der beiden Extreme ist zielführend. Finden Sie das richtige Gleichgewicht.

Eine geduldige Vorbereitung und ein angemessenes Bewusstsein für das, was auf Sie zukommt, stellen den ersten Schritt dar. Wenn Sie sich in der Anfangsphase die Zeit nehmen können, alle Herausforderungen des Übergangs zu verstehen, mit denen Sie konfrontiert sind, dann können Sie umso eher damit beginnen, sich mit Einsichten und Ideen auszustatten, wie Sie diese überwinden oder bewältigen können. Das Verständnis für Ihre Herausforderungen bildet den Hintergrund für die Entwicklung Ihres Plans für die ersten 100 Tage.

4 Erstellen Sie Profile Ihrer Rolle, Ihres Unternehmens und Ihres Marktes

Verstehen Sie nicht nur die Herausforderungen des Übergangs, sondern treten Sie einen Schritt zurück und betrachten Sie das gesamte System, in dem Sie tätig sein werden, im Weitwinkel. Sehen Sie es als ein Konstrukt, in dem Sie im Mittelpunkt stehen: als Person (Sie als Führungskraft), in einer Rolle, in einer Organisation und im Kontext Ihres Marktes.

Abbildung 1.1 Der gesamtsystemische Ansatz

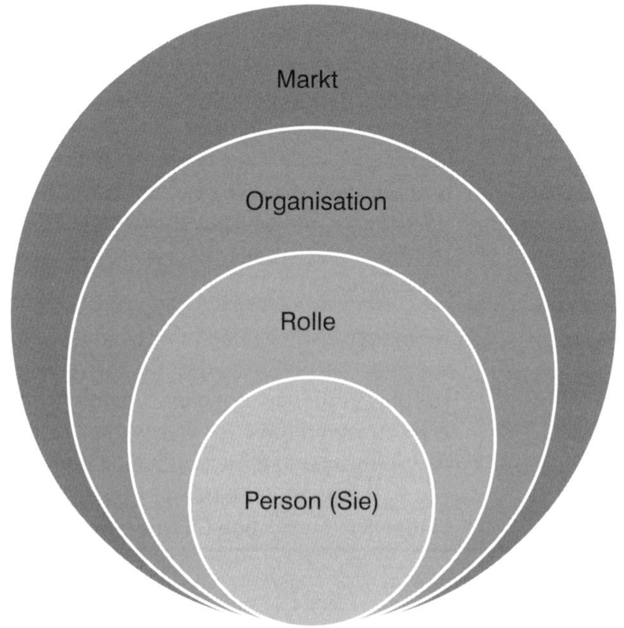

Erstellen Sie ein Profil von jedem Teil dieses Systems, um die Landschaft Ihrer Chancen und Herausforderungen zu kartieren. Denken Sie daran, diese Anfangsphase zu nutzen. Schließlich ist dies die Phase, in der Sie am klarsten denken können, denn schon bald werden Sie sich in den Details und täglichen Anforderungen der Rolle verlieren. Jetzt ist es an der Zeit, das große Ganze zu verstehen. Verschaffen Sie sich einen Überblick über die gesamte Systemlandschaft mit so viel Perspektive wie möglich und sammeln Sie weiterhin Informationen und Erkenntnisse über das, was vor Ihnen liegt.

Übung – Erstellung eines Profils

Erstellen Sie ein Profil der Person (von Ihnen als Führungskraft)	• Worin besteht der Aufstieg für Sie als Führungskraft (z.B. Beförderung zur erstmaligen Leitung einer Funktion, Wechsel vom Fachexperten / von der Fachexpertin zum General Management oder von der Geschäftsleitung zur Unternehmensführung)? ……………………………… ……………………………… ……………………………… ……………………………… ……………………………… ……………………………… • Welche Stärken, Werkzeuge und Erfahrungen bringen Sie in einzigartiger Weise in die Rolle ein, die Sie nutzen können, um eine frühe Wirkung zu erzielen und die anfängliche Leistung zu beschleunigen? ……………………………… ……………………………… ……………………………… ……………………………… ……………………………… ………………………………
Erstellen Sie ein Profil der Rolle	• Gibt es eine Lernkurve in Bezug auf die Branche, das Produkt oder die Strategie, die Sie jetzt vor Beginn angehen können? ……………………………… ……………………………… ……………………………… ……………………………… ……………………………… ………………………………

▶

	• Was wurde Ihnen aufgetragen zu tun? Welche Ergebnisse werden in der Rolle erwartet? …………………………………… …………………………………… …………………………………… …………………………………… …………………………………… …………………………………… • Was wissen Sie über die Fähigkeiten Ihres Teams? Wo liegen die Lücken? …………………………………… …………………………………… …………………………………… …………………………………… …………………………………… …………………………………… • Finden Sie heraus, was man anderen über Sie und Ihren Auftrag mitgeteilt hat. …………………………………… …………………………………… …………………………………… …………………………………… …………………………………… ……………………………………
Erstellen Sie ein Profil der Organisation	• Was ist Ihre Vision für die Rolle? Wie ist Ihre Vision für diese Rolle mit der Vision und Mission der Organisation verbunden? Wie können Sie für die Organisation Wert schöpfen? …………………………………… …………………………………… …………………………………… …………………………………… …………………………………… ……………………………………

►

	• Schauen Sie auf die Unternehmenswebsite, um Profile des/der CEO und des obersten Führungsteams zu erstellen. Mit wem müssen Sie eine Beziehung aufbauen? Wer sind Ihre Interessengruppen? Wer sind die zentralen Entscheidungstragenden, die Einflussnehmenden und die potenziellen Blockierenden? …………………………………… …………………………………… …………………………………… …………………………………… …………………………………… …………………………………… • Was wissen Sie über die Kultur dieser Organisation, dieser Einheit und dieses Teams – über ihre Normen und Werte? Wen können Sie vor Arbeitsbeginn treffen, um mehr über die Arbeitsweisen in diesem Unternehmen zu erfahren? …………………………………… …………………………………… …………………………………… …………………………………… …………………………………… ……………………………………
Erstellen Sie ein Profil des Markt-/Weltsystems	• Betrachten Sie den Markt – wer ist Ihre Kundschaft (intern und/oder extern)? Wer ist Ihre Konkurrenz? Was ist die größte Marktherausforderung, der Sie in dieser Rolle gegenüberstehen? Wie sind die Marktdynamiken, beispielsweise Wachstum im Vergleich zu Rückgang? …………………………………… …………………………………… …………………………………… …………………………………… …………………………………… ……………………………………

Nehmen Sie sich die Zeit, um anhand der Anhaltspunkte aus der Profilbildungsübung ein umfassendes und tiefgründiges Bild von dem zu erstellen, was Ihnen bevorsteht, damit Sie schneller verstehen, wie Sie sich in den ersten 100 Tagen im gesamten System zurechtfinden.

In dieser Anfangsphase sollten Sie nicht vorschnell urteilen. Sie haben in dieser Phase vielleicht schon einige Informationen, aber denken Sie daran, dass Sie noch nicht alle Beteiligten kennen und noch keine Erfahrung mit der eigentlichen Rolle haben. Seien Sie wie Detektive oder Detektivinnen, die zwar über Anhaltspunkte verfügen, aber noch nicht alle Informationen zusammengefügt haben. Finden Sie das richtige Gleichgewicht, indem Sie ein Profil von dem erstellen, was auf Sie zukommt, und behalten Sie sich gleichzeitig ein endgültiges Urteil vor, damit Sie Ihre Perspektive klugerweise auf Basis der Realität und Ihrer persönlichen Erfahrungen anpassen können, wenn Sie erst einmal angefangen haben.

First100™-Fallstudie

„Es ist in Ordnung zuzugeben, dass Sie sich unter Druck fühlen."

Obwohl er zuvor nie daran gedacht hatte, sich Hilfe von Dritten zu holen, war Ashley sehr erleichtert, als ihm jemand von seinen Mitarbeitenden eine First100-Expertin empfahl, mit der er über die Herausforderungen seiner neuen Rolle sprechen konnte. Während seiner ersten Sitzung war Ashley überrascht von der Erfahrung und Offenheit der First100-Coachin. Als Ashley anschließend die Sitzungsnotizen las, wurde ihm klar, dass er noch eine Menge lernen musste, wenn er erfolgreich in die Führungsetage aufsteigen wollte.

Coaching-Notizen aus Sitzung 1

Für Coachende gibt es nichts Beunruhigenderes, als Klienten oder Klientinnen zu treffen, die unter Druck stehen, bevor sie eine neue Stelle antreten, und die versuchen, die Coachenden und andere davon zu überzeugen, dass sie nicht unter Druck stehen. Das lässt die Alarmglocken schrillen – ich frage mich, ob die Person über andere Bewältigungstechniken verfügt, als so zu tun, als ob alles in Ordnung wäre. Zuzugeben, dass Sie unter Druck stehen, ist eine gute Sache für Sie und jede

▶

Führungskraft. Andernfalls verdrängen Sie die Realität und entwickeln keine Strategien, um mit einem sehr intensiven Job umzugehen.

Jede Führungskraft muss über eine Reihe von Bewältigungstechniken verfügen, um Druck abzubauen, denn die Arbeit einer Führungskraft ist immer mit Druck verbunden. Die Techniken können von Zeit mit der Familie und dem Freundeskreis über Sport bis hin zu ruhiger Zeit allein, Spaziergängen mit dem Hund, Meditation oder regelmäßigen 20-minütigen Auszeiten während des Arbeitstages reichen.

Verleugnung als Bewältigungsmethode ist die Art von Machogehabe, die bei Männern zu plötzlichen Herzinfarkten führt. Lassen Sie uns also realistischer werden: Es ist in Ordnung zu sagen, dass Sie unter Druck stehen. Oder anders ausgedrückt: Wie könnten Sie das nicht tun? Sie sind der neu ernannte Globale Vertriebsleiter für Premiumdienste bei Ihrer Bank, aber Ihre Vorgängerin ist ohne eine ordentliche Übergabe gegangen, Sie sind personell massiv unterbesetzt, Sie müssen schnell entscheidende Beziehungen zu wichtigen asiatischen Interessengruppen aufbauen, Sie sind besorgt, die Quartalszahlen zu erreichen, Sie haben den Stress eines Büroumzugs, Sie haben wahrscheinlich noch Jetlag von Ihren letzten Reisen ins Ausland und Sie sagten, Sie können nur schwer schlafen.

Geben Sie es also zu, akzeptieren Sie es, sprechen Sie es laut aus … „Ich fühle mich unter Druck. Ich fühle mich überwältigt. Es ist ein Wirbelwind und ich habe das Gefühl, als wäre es außer Kontrolle.

Alles andere lässt Sie erscheinen, als hätten Sie die Bodenhaftung verloren, wären unrealistisch und unfähig, sich der Wahrheit zu stellen.

▶

Wenn Sie es jedoch akzeptieren, dann müssen Sie auch etwas dagegen tun. Wenn Sie akzeptieren, dass Sie unter Druck stehen, dann müssen Sie anfangen, Techniken anzuwenden, um den Druck zu lindern. Sie werden dann beginnen, den Druck zu lindern und abzubauen – und wie die Nacht auf den Tag folgt, werden Sie sich besser fühlen und bessere Leistungen erbringen.

Ashley hatte sich auf dem Weg in die Coaching-Sitzung von seiner neuen Verantwortung überwältigt gefühlt, aber er musste zugeben, dass er sich auf dem Weg nach draußen viel ruhiger fühlte. Die Erkenntnis, dass er sich mehr unter Druck gesetzt fühlte als sonst, war an sich schon eine unerwartete Erleichterung. Es war an der Zeit, das Heft in die Hand zu nehmen und zu verhindern, dass das Gefühl der Überforderung zurückkehrte und seine Leistung beeinträchtigte. Die Coachin hatte Ashley einen sehr strukturierten Ansatz zur Profilerstellung und einige clevere Ideen gegeben, wie er sich angemessen auf die Rolle vorbereiten konnte. Ashley fühlte sich nun besser gerüstet, setzte sich an seinen Schreibtisch und begann, die Informationen auf seine neue Situation anzuwenden.

5 Bereiten Sie sich auf Ihr Team und Ihr Team auf Ihre Ankunft vor

Der Aufbau und die Führung eines leistungsstarken Teams wird für Ihren Erfolg in den ersten 100 Tagen entscheidend sein. Sich als Leiter oder Leiterin eines Teams zu etablieren, kann sich jedoch wie eine entmutigende Aufgabe anfühlen:

- Habe ich die richtigen Leute?
- Werde ich einen guten Eindruck machen?
- Wie wird das Team auf mich reagieren?
- Welche Herausforderungen liegen mit diesem Team vor mir?
- Was erwarten sie von mir als ihrem neuen Chef bzw. ihrer neuen Chefin?

Das Erfordernis der Hierarchie, aufgrund dessen Sie sich als Chef oder Chefin etablieren und sich den Respekt anderer – manchmal ehemaliger Mitarbeitender – verschaffen müssen, könnte Sie sehr beunruhigen. Aber denken Sie daran, dass Ihre Aufgabe darin besteht, Chef oder Chefin und Führungspersönlichkeit zu sein, und dass es sich dabei nicht um einen Beliebtheitswettbewerb handelt. Wenn man Sie mag, ist das großartig – denn Sympathie kann als zusätzliches Motivationsinstrument hilfreich sein. Allerdings geht es nicht darum, gemocht zu werden.

Ihre Aufgabe als Chef oder Chefin ist es, die Richtung vorzugeben, angemessene Anweisungen zu erteilen und angemessene Anforderungen an Ihre Mitarbeitenden zu stellen. Sie können dies ausgleichen, indem Sie auch auf die Bedürfnisse und Motivationen der Teammitglieder eingehen. Genauso wie Ihre Rolle nicht autoritär sein sollte, sollten Sie auch nicht nachsichtig oder nachlässig sein. Letztendlich werden Führungskräfte, die sowohl in Bezug auf ihre Ansprüche als auch in Bezug auf ihre Reaktionsbereitschaft gut abschneiden, die besten Ergebnisse mit ihrem Team erzielen.

Vorlage für ein Anschreiben vor Antritt der Stelle

Halten Sie den Ton zuversichtlich, beruhigend, offen und professionell. In diesem Beispiel vermittelt Ashley die Erwartung eines gegenseitigen Dialogs, einer offenen Kommunikation, hoher Standards und der Absicht, sofort loszulegen. Es bietet einen Einblick in Ashleys Privatleben, was den Menschen hilft, sich mit ihm zu identifizieren.

Hallo zusammen

Mein Name ist Ashley Morgan.

Wie John kürzlich angekündigt hat, bin ich der neue Globale Vertriebsleiter für Premiumdienste. Ich beginne offiziell am 1. September. Einige von Ihnen kennen mich bereits, aber ich dachte, es wäre vielleicht hilfreich, mich allen vorab vorzustellen.

▶

Es ist ein Privileg, diese Führungsrolle zu übernehmen. Ich arbeite seit 2012 bei Zintech und war zuletzt seit 2016 als Vertriebsdirektor für Großbritannien tätig. Persönlich lebe ich mit meiner Frau und meinen beiden Kindern in London und die Familie ist mir sehr wichtig. Die Kinder halten mich natürlich auch außerhalb der Arbeit aktiv. Sie zeigen mir auch, wie wichtig es ist, die richtige Balance zwischen Arbeit und Privatleben zu finden.

Ich möchte die großartige Arbeit von Fiona und ihrem Team bei der Schaffung einer sehr erfolgreichen und profitablen Einheit würdigen. Ich lade Sie ein, mir zu twittern, zu schreiben oder mich anzurufen und mir Ihre Ideen, Überlegungen und Vorschläge mitzuteilen, wie wir auf Ihrem bisherigen Erfolg aufbauen können.

Wir haben eine fantastische Chance vor uns – und ich freue mich darauf, Sie alle kennenzulernen und mit Ihnen zusammenzuarbeiten. Wir sehen uns in ein paar Wochen beim Team-Event. In der Zwischenzeit plant George eine Reihe von Einzelgesprächen vor unserem ersten Team-Workshop im September.

Lassen Sie uns in Kontakt treten!

Ashley
Soziale Medien:
Mobil:
E-Mail:

Sobald bekannt gemacht wird, dass Sie die Stelle übernehmen, können Sie sicher sein, dass die Mitglieder Ihres Teams sofort eine gründliche Online-Recherche nach Ihrem Namen durchführen werden. Es wäre eine gute Idee, wenn Sie das auch tun würden. Überprüfen Sie Ihre sozialen Medien und Ihr Online-Profil. Was wird angezeigt, wenn Sie unter Ihrem Namen suchen? Welchen Eindruck erwecken Sie damit? Wenn Sie etwas löschen oder aufräumen müssen, dann tun Sie es. Wenn es etwas Ungewöhnliches gibt oder etwas, das einer weiteren Erklärung bedarf, seien Sie bereit, diese zu geben.

FÜHLEN SIE SICH IN DIE EMOTIONEN IHRES TEAMS EIN

Seien Sie sich darüber im Klaren, dass Ihre Teammitglieder Ihre Ankunft sowohl mit Spannung als auch mit Beklemmung erwarten. Schließlich haben Sie nun direkten Einfluss darauf, ob sie weiterhin gerne zur Arbeit kommen, und Sie haben den größten Einfluss darauf, ob sie ihre nächste Beförderung erhalten oder nicht. Man hat Sie nicht ausgesucht und doch sind Sie hier. Es ließe sich berechtigterweise sagen, dass deren Situation mehr Ängste auslöst als Ihre. Zu verstehen, wie sich Ihr Team fühlt, ist ein wichtiger Anfang für eine empathische Beziehung zu diesem und wird dazu beitragen, die Bindung zwischen Führungskraft und Team zu beschleunigen.

Lassen Sie uns einen Blick in die Köpfe Ihres Teams werfen, um herauszufinden, was sie denken könnten:

- Wer ist diese Person?
- Werde ich sie mögen?
- Wird sie mich mögen?
- Warum habe ich den Job nicht bekommen?
- Was bedeutet das für meine Karriere?
- Werde ich mich bemühen hierzubleiben? Wäre dies ein guter Zeitpunkt zu gehen?

Sie sind nicht die einzige Person, die emotionale Reaktionen und Bedenken bezüglich dieser neuen Beziehung hat. Denken Sie daran, dass Sie den Job haben, aber diese Leute nicht wissen, ob sie ihren Job in drei Monaten noch haben werden. Das ist für sie ein größeres Risiko. Seien Sie sich darüber im Klaren, dass bei einigen möglicherweise „Fluchtgefahr" besteht – bei Teammitgliedern, die durch den Weggang ihres vorherigen Chefs oder ihrer Chefin aus ihrem Status quo aufgerüttelt wurden und möglicherweise daran denken, zu kündigen und sich dieser Person in ihrem neuen Unternehmen anzuschließen.

Behalten Sie dies alles im Hinterkopf, damit Sie sich nicht zu sehr mit Ihren eigenen Sorgen beschäftigen. Lassen Sie Raum, um Empathie zu entwickeln und auch die Gefühle anderer zu berücksichtigen. Die Teammitglieder mit Fluchtgefahr werden sich von Ihnen versichern lassen wollen, dass Sie sich für ihren persönlichen Erfolg einsetzen, dass Sie eine gute Führungskraft sind und eine Person, von der sie lernen können, und dass es sich lohnt zu bleiben.

BEREITEN SIE SICH AUF EIN TREFFEN MIT IHREM TEAM VOR

In Zusammenarbeit mit Ihren neuen Vorgesetzten und der Personalabteilung können Sie im Vorfeld eine Menge über das Profil und die Geschichte des Teams recherchieren, das Sie übernehmen. Stellen Sie Fragen, machen Sie Ihre Hausaufgaben.

- ➤ Erstellen Sie ein Profil Ihres Teams.
  - Namen und Biographien der wichtigsten Angestellten.
  - Fordern Sie ein aktualisiertes Organigramm des Teams an, mit Rollenbezeichnungen und Namen.
  - Wie viele direkte und indirekte Unterstellte, wie viele virtuelle Teammitglieder?
  - Überprüfen Sie die geografische Verteilung, Vollzeit- und Teilzeitbeschäftigte, die Anzahl der Heimarbeiter, etwaige Beschäftigte im Mutterschaftsurlaub und geplante Pensionierungen.
  - Kopien der letzten Runde der Leistungsbeurteilungen und Einstufungen der einzelnen Personen.
  - Alle verfügbaren psychometrischen oder Verhaltensprofile von Einzelpersonen oder dem Team.
- ➤ Identifizieren Sie alle Lücken und offenen Stellen im Team:
  - Einstellungsmaßnahmen oder Direktsuchen nach Führungskräften, die eventuell im Gange sind.
  - Stellengesuche, die gestartet werden müssen.

- Verstehen Sie die Personalprozesse des Unternehmens, die Zeitpläne und die Wahrnehmung des Teams:
  - Wie funktioniert der jährliche Zyklus der Leistungsbeurteilung in Ihrem Unternehmen?
  - Wer kommt für eine Beförderung in Frage und wie schätzt die Personalabteilung die Leistung und das Potenzial der einzelnen Personen ein?
  - Wie arbeitet diese Gruppe als Team zusammen? Gibt es bekannte Konflikte oder persönliche Auseinandersetzungen?
- Bereiten Sie Ihre Eröffnungsrede oder Einführungspräsentation für Ihr Team vor:
  - Ihr beruflicher Werdegang und warum Sie sich für diese Rolle entschieden haben.
  - Ihre Führungsphilosophie, Ihre Werte und eventuelle Prinzipien.
  - Bevorzugte Arbeitsweisen, Prozesse und Vorgehensweisen.

Prüfen Sie, wie viel Spielraum Sie haben, um neue Talente aus Ihrem bisherigen Team, dem breiteren internen Pool und dem externen Markt zu gewinnen. Gehen Sie nicht davon aus, dass Sie die Struktur und Zusammensetzung des Teams Ihrer wichtigsten Angestellten nicht ändern können. Es ist sehr wahrscheinlich, dass Sie, sobald Sie ein Gefühl für die bevorstehenden Herausforderungen und Klarheit über die Mission Ihres Teams bekommen, Änderungen vornehmen und Ihr Kernteam neu zusammenstellen wollen. Verschaffen Sie sich erst einmal einen Überblick über das aktuelle Bild.

BEREITEN SIE IHR TEAM AUF IHRE ANKUNFT VOR

Vereinbaren Sie ein persönliches Treffen mit jedem Ihrer wichtigsten Teammitglieder, das idealerweise innerhalb von ein oder zwei Wochen nach Arbeitsbeginn stattfinden sollte. Bitten Sie sie, Ihnen ihre Rolle und ihre wichtigsten Verantwortungsbereiche vorzustellen:

- Rollenbeschreibung, Zielvorgaben und Hauptziele
- Jüngste Erfolge, Herausforderungen und Chancen
- Optionen und Ideen für sofortige Quick Wins

- eine Liste der Interessengruppen und wie ihre Rolle in der Organisation wahrgenommen wird
- ihre individuellen Leistungsziele
- ihre Karrierewünsche und Ambitionen
- wenn sie einen Tag lang CEO wären, würden sie ...
- Ratschläge und Top-Tipps für den neuen Chef oder die neue Chefin

6 Executive Coaching Q&A: Beratung zu Fragen und Szenarien vor dem Start

Executive Q&A

Q: Ist es eine gute Idee, mein Team informell zu treffen, bevor ich anfange?

A: *Ja. Es ist eine gute Idee, sich vor Tag 1 in einer entspannteren Umgebung zu treffen. Das gibt dem Team die Möglichkeit, Sie kennenzulernen, und umgekehrt. Hören Sie zu, lächeln Sie und sorgen Sie dafür, dass sich die Leute wohlfühlen. So bekommen Sie einen Eindruck von den Persönlichkeiten und können sich besser vorbereiten. In einer entspannteren Atmosphäre könnten Sie inoffiziell einige nützliche Informationen über einige der anstehenden Herausforderungen erhalten. Aber was auch immer Sie hören, nehmen Sie nichts davon für bare Münze. Bleiben Sie neutral, bis Sie herausgefunden haben, was wirklich vor sich geht. Wenn Sie eher introvertiert sind oder Probleme mit dem Plaudern haben, sollten Sie ein paar Gesprächsanregungen in der Tasche haben – wichtige Nachrichten, persönliche Anekdoten, die neuesten Filme. Versuchen Sie, aus dem zwanglosen Kennenlern-Mittagessen keine intensive formelle Arbeitssitzung werden zu lassen. Für all das ist später noch genug Zeit.*

Q: Die Person, die meine Stelle zuvor innehatte, ist plötzlich gegangen und es gibt keine Übergabe. Obwohl ich anfangs begeistert war, die Stelle zu bekommen, habe ich jetzt das ungute Gefühl, dass ich ihr Chaos erben werde. Was soll ich jetzt tun? Und wie kann ich mich auf meine ersten 100 Tage ohne eine ordentliche Übergabe vorbereiten?

A: *Wenn Sie eine neue Stelle antreten, ohne dass eine ordnungsgemäße Übergabe stattgefunden hat, ist das häufiger der Fall, als Sie vielleicht denken. Ersetzen Sie die Übergabe des Vorgängers oder der Vorgängerin durch Nachbesprechungen mit Ihren neuen Vorgesetzten, Ihrem Team und den wichtigsten Interessengruppen. Sehen Sie das Positive darin, dass Sie ganz von vorne anfangen können und die Möglichkeit haben, sich nicht nach der Agenda der Person richten zu müssen, die vor Ihnen die Stelle besetzt hat. Wenn Sie ein Chaos geerbt haben, versuchen Sie nicht, es zu vertuschen. Finden Sie sofort heraus, was die Probleme sind, damit Sie sie frühzeitig auf den Tisch legen können. Dann finden Sie heraus, wie Sie sie angehen können. Betrachten Sie dies als Teil Ihrer Aufgabe und als Ihre Chance, die Führung zu übernehmen. Übernehmen Sie die Verantwortung und setzen Sie Ihren eigenen Kurs. Ein Wort der Warnung: Ihren Vorgänger oder Ihre Vorgängerin für alle Probleme verantwortlich zu machen, die Sie geerbt haben, kann schwach und weinerlich wirken. Anstatt eine Strategie der Schuldzuweisung zu verfolgen, sollten Sie Ihre neue Position annehmen und darüber sprechen, wie sehr Sie sich dafür einsetzen, die Dinge zu ändern. Betrachten Sie das Chaos als Ihre Chance zu glänzen.*

Q: **Ich war bei der Abschiedsfeier der Person dabei, die vor mir die Stelle innehatte, und einige Leute im Team haben tatsächlich geweint. Das macht mich sehr besorgt, ob das Team mich jemals akzeptieren und mögen wird. Wahrscheinlich nehmen sie mir meine Ankunft übel. Wie kann ich da jemals mithalten?**

A: *Das kann eine nervenaufreibende Situation sein, aber bringen Sie die Dinge nicht durcheinander. Nur weil man die Person geliebt hat, deren Stelle Sie übernehmen, heißt das nicht, dass die Arbeit mit dieser nicht frustrierend war. Oder vielleicht liebten sie sie, weil sie „so nett" war, aber in Wirklichkeit bedeutete das, dass sie eine schwache Führungskraft war und deshalb ersetzt werden musste. Wie auch immer die Vorgeschichte aussieht, sie war mit Sicherheit nicht perfekt und Sie werden es auch nicht sein. Wir alle haben unsere eigenen Stärken und Schwächen. Erinnern Sie sich daran, warum Sie die Rolle bekommen haben, und seien Sie von dem Wert überzeugt, den Sie mitbringen. Vergleichen Sie sich nicht mit anderen und konzentrieren Sie sich darauf, Ihre authentische Führungspersönlichkeit zu sein. Natürlich ist es ohnehin unmöglich, von allen gemocht zu werden. Anstatt sich zu sehr darum zu bemühen, gemocht zu werden, sollten Sie sich bemühen, sensibel auf die Umstellung Ihres Teams auf einen neuen Chef oder eine neue Chefin einzugehen, und ihnen Zeit geben, sich an Sie zu gewöhnen. Innerhalb von ein paar Wochen werden sich alle an die neue Normalität gewöhnen und die Emotionen werden sich beruhigen. Um ihnen den Übergang zu erleichtern, sollten Sie freundlich und optimistisch sein und offen kommunizieren. Geben Sie den Menschen Zeit und geben Sie ihnen die Chance, Sie kennenzulernen.*

Q: Man hat mir mitgeteilt, dass ich befördert wurde und der Starttermin für die neue Rolle „gestern" sei. Das ist eine fantastische Gelegenheit, um aufzusteigen, und ich bin sehr aufgeregt. Meine derzeitigen Vorgesetzten weigern sich jedoch, mich zu entlassen, bis eine Nachfolge gefunden ist. Ich werde also in zwei verschiedene Richtungen gezogen. Was soll ich tun?

A: *Es ist ziemlich wahrscheinlich, dass auch Ihre derzeitigen Vorgesetzten nicht ausreichend informiert wurden, so dass es ganz natürlich ist, dass sie heftig reagiert haben. Sie müssen ihre Fähigkeit verteidigen, die im Voraus vereinbarten Ziele zu erreichen, obwohl jemand von ihren besten Mitarbeitenden (Sie) gerade aus dem Team abgezogen worden ist. Aber das müssen die jetzt lösen – nicht Sie. Geben Sie eine Empfehlung für eine Nachfolge oder eine Interimslösung ab, bis man Sie vollständig ersetzen kann. Bereiten Sie eine gründliche Übergabe vor. Erklären Sie sich jedoch nicht bereit, zwei Aufgaben auf einmal zu übernehmen. Setzen Sie sich bei Ihren alten und neuen Vorgesetzten durch und verhandeln Sie ein angemessenes Enddatum und einen neuen Starttermin. Erledigen Sie Ihre alte Aufgabe innerhalb von ein paar Wochen. Zögern Sie nicht. Sie sind jetzt einer neuen Person unterstellt und Sie müssen die neue Chance so schnell wie möglich ergreifen. Wenn Sie so wichtig für den Erfolg des Unternehmens sind, hätten Ihre alten Vorgesetzten Sie vielleicht mehr wertschätzen und bessere Gründe für Ihren Verbleib schaffen sollen, aber das haben sie nicht getan. Es ist an der Zeit weiterzuziehen.*

Q: Ich fühle mich völlig überwältigt von all den Informationen über die neue Rolle und von all den Erwartungen. Ich weiß einfach nicht, wie ich anfangen soll. Können Sie mir bitte helfen!

A: *Die meisten Menschen fühlen sich überwältigt, wenn sie eine neue Aufgabe übernehmen. So viel zu tun und so wenig Zeit. Lassen Sie nicht zu, dass die Angst Ihre Leistung lähmt. Lassen Sie die Angst los, indem Sie einen Schritt zurücktreten, um eine Perspektive zu gewinnen. Übernehmen Sie die Verantwortung. Die einzige Möglichkeit, sich in einer Situation besser zurechtzufinden, ist, sie selbst in die Hand zu nehmen. Folgen Sie der Anleitung im nächsten Kapitel, wie Sie mit dem Ziel vor Augen beginnen, Ihre wichtigsten Prioritäten festlegen und den Plan für Ihre ersten 100 Tage schreiben. Es ist zu einfach und falsch, zu warten, bis Sie anfangen, sich dann nur mit dem zu beschäftigen, was gerade vor Ihnen liegt, und von einem Problem zum nächsten zu taumeln. Indem Sie Ihre wichtigsten Prioritäten festlegen, können Sie strategischer vorgehen und Ihre Zeit und Energie besser einsetzen. Außerdem ist es wichtig, dass Sie Ihren Terminkalender von Anfang an selbst in die Hand nehmen. Lassen Sie niemals zu, dass Ihr Terminkalender über Sie bestimmen kann.*

2

Schreiben Sie Ihren Plan für die ersten 100 Tage

- Denken Sie über Ihre Führungsaufgabe nach – denken Sie groß und gehen Sie Risiken ein
- Seien Sie strategisch und beginnen Sie Ihren Plan mit Blick auf das Ziel
- Wenden Sie den First100assist™-Ansatz an
- Executive Q&A: Ratschläge zum Schreiben des besten Plans für die ersten 100 Tage

1 Denken Sie über Ihre Führungsaufgabe nach – denken Sie groß und gehen Sie Risiken ein

Bevor Sie sich darauf konzentrieren, Ihren Plan für die ersten 100 Tage zu schreiben, sollten Sie eine Pause einlegen und diese Rolle im Kontext des Gesamtbildes Ihrer Karriere betrachten. Fragen Sie sich, warum Sie diese neue Aufgabe wirklich annehmen und wie sie Ihnen bei Ihren Karrierezielen helfen wird. Zum Beispiel kann diese Rolle ein Sprungbrett für eine größere Beförderung sein und vielleicht möchten Sie eine Spitzenposition in der Firma oder sogar die CEO-Ebene erreichen. Denken Sie über Ihre längerfristigen Karriereziele und -strategien nach und überlegen Sie, wie diese Rolle Sie darauf vorbereiten kann.

Gehen Sie noch einen Schritt weiter und überlegen Sie, was Ihnen im Leben wirklich wichtig ist und Ihrem Leben als Führungskraft einen Sinn geben könnte – und überlegen Sie, wie Sie diese neue Rolle in diesem Sinne neu gestalten könnten. Ihr wahrer Auftrag und Zweck als Führungskraft könnten zum Beispiel darin bestehen, Menschen zu inspirieren, etwas zu verändern, die Welt zu verändern, die Umwelt zu retten oder die Arbeit und das Leben anderer zu verbessern. Wenn Sie einen Weg finden, den Erfolg dieser Rolle sowohl mit Ihrer Führungsaufgabe als auch mit Ihrem Karriereweg in Einklang zu bringen, werden Sie bei der Erstellung Ihres Plans für die ersten 100 Tage auf eine praktisch unbegrenzte innere Quelle an Energie, Leidenschaft und Einfallsreichtum zurückgreifen können.

- Warum habe ich den Job angenommen?
- Was würde ihn sinnvoller machen?
- Geht es um einen Weg zu einer zukünftigen Beförderung?
- Wie passt diese neue Aufgabe zu meinen längerfristigen Karrierezielen?
- Wie passt diese Rolle zu meiner Führungsaufgabe und meinen Karriereambitionen?

Eine neue Rolle ist eine Gelegenheit für einen Neuanfang und ein Zeitpunkt, an dem Sie als Führungskraft deutlich machen können, wer Sie sind, wofür Sie stehen und was Sie jetzt und in Zukunft erreichen wollen. Vielleicht genießen Sie einfach eine neue Herausforderung und wollen sich und anderen beweisen, dass Sie diese Rolle übernehmen können. Was auch immer Ihre Motivation ist, nehmen Sie sich einen Moment Zeit, um sich Ihre höheren Ziele bewusst zu machen. Wenn Sie Ihren Plan mit einem höheren Ziel vor Augen beginnen, als nur die Anweisungen Ihrer Vorgesetzten zu erfüllen, dann werden Sie Ihren Plan für die ersten 100 Tage wahrscheinlich weitreichender anlegen, mehr Risiken eingehen und ehrgeiziger sein.

Ich habe mit Kunden und Kundinnen gearbeitet, die nicht allzu weit vorausdenken und denen es schwerfällt, ihre Führungsaufgabe zu erkennen. Durch die Umstände im Unternehmen, wie zum Beispiel eine Umstrukturierung auf höchster Ebene, wurden sie in eine neue Rolle befördert, für die sie keine tiefe Leidenschaft empfinden. Ja, sie haben die Fähigkeiten, um die Rolle auszufüllen, und sie wollen gute Arbeit leisten – aber das brennende Verlangen oder der Bezug zu der Mission der Rolle sind nicht vorhanden.

Diese Situation ist viel problematischer, als sie sich vorstellen können, denn wenn Sie sich nicht voll und ganz mit Ihrer Aufgabe verbunden fühlen, fehlt Ihnen die optimale Motivation und das wirkt sich auch auf alle anderen in Ihrem Umfeld aus. Denn wenn Sie nicht den nötigen Antrieb und die Energie haben, um diese Rolle zu übernehmen, warum sollte dann jemand in Ihrem Team die Extrameile für Sie gehen, wenn es erforderlich ist? Sie können keine nur halb inspirierende Führungspersönlichkeit sein – Sie müssen mit ganzem Herzen dabei sein oder gar nicht.

Wenn ich Klienten und Klientinnen treffe, die sich nicht voll und ganz auf die Mission ihrer Rolle einlassen und die sich nicht voll und ganz in der Führung engagieren, arbeite ich mit ihnen daran, den Sinn zu finden und eine gewisse Leidenschaft für die Arbeit zu entfachen. Oft ist das gar nicht so schwierig, wie es sich anhört. In der Regel ist ein Gespräch darüber erforderlich, wie es war, als sie jünger waren, warum sie diesen Beruf gewählt haben und welche Ziele sie damals hatten. Ich habe die

Erfahrung gemacht, dass ältere Führungskräfte den früheren Idealismus und viele der Ziele, die sie in ihrer frühen Karriere hatten, einfach vergessen haben. Es dauert nicht lange, diese Erinnerungen wieder in ihnen wachzurufen und sie davon zu überzeugen, diese Art von Dynamik in diese Rolle zu bringen. Es überrascht nicht, dass Sie keine Person unterhalb der CEO-Ebene finden werden, die sagt, der Grund, warum sie morgens aufstehe, sei die Steigerung des Shareholder Value.

Nehmen Sie nicht nur Anweisungen von anderen entgegen. Schreiben Sie den Plan nicht nur auf der Grundlage dessen, was man Ihnen gesagt hat. Berücksichtigen Sie, was von Ihnen verlangt wird, was von Ihnen erwartet wird und wie diese Rolle zu Ihrem Führungsziel und Ihrer Karrierestrategie passt. Ermächtigen Sie sich selbst – und entscheiden Sie, was Sie mit dieser Rolle tatsächlich erreichen wollen. Treten Sie zurück, sehen Sie das große Ganze, seien Sie eine Führungspersönlichkeit. Denken Sie groß, gehen Sie Risiken ein. Was sind die Möglichkeiten?

First100™-Fallstudie

Ashley saß mit seiner Coachin zusammen, um seine bisherigen Vorbereitungen zu besprechen. Noch nie zuvor hatte er sich so gründlich auf eine neue Rolle vorbereitet. Ashley fühlte sich viel zuversichtlicher für den vor ihm liegenden Weg.

Auf die Frage, warum er den Job angenommen hatte, antwortete Ashley, dass er den Reiz der Herausforderung genoss und sich und anderen beweisen wollte, dass er klug und fähig war, die nächste Stufe zu erreichen. Zunächst sah er keinen Sinn darin, über seine Ziele zu sprechen. Aber je mehr er dazu ermutigt wurde, über seine Motive nachzudenken, desto mehr wurde ihm klar, dass einer der Gründe, warum er so besorgt wegen der neuen Rolle war, seine Angst vor dem Versagen war. Dies äußerte sich oft in dem Gefühl, einen Knoten in seinem Magen zu haben, und darin, dass er um 4 Uhr morgens aufwachte und sich Sorgen über den bevorstehenden Tag machte.

▶

Seine Coachin machte ihm klar, dass er unsicher und angstgetrieben war. Wäre es nicht besser für seine Leistung und Gesundheit, wenn er stattdessen von einer Führungsmission angetrieben würde, anderen Menschen zu helfen. Wenn er seine Mission darauf umstellen würde, anderen Menschen zu helfen, dann würde er sich immer gut fühlen und Erfolg könnte neu definiert werden, indem er das Leben anderer Menschen veränderte, anstatt von Versagensängsten getrieben zu werden. Wenn er sich jederzeit von der persönlichen Mission, anderen Menschen zu helfen, leiten ließ, konnte er unmöglich versagen. Ashley empfand dies als eine bahnbrechende Erkenntnis und beschloss, sein Ziel als Führungskraft zu definieren: „Das Beste aus mir und anderen Menschen herauszuholen".

Ashley erläuterte seiner Coachin, dass er bei der Betrachtung seiner Herausforderungen während der Übergangsphase erkannt hatte, dass er zu Beginn mehr Zeit in die Bindung zu seinem Team und der breiteren Gruppe von Mitarbeitenden in seiner Abteilung investieren musste, um sicherzustellen, dass sie sich mit ihm als neuer Führungskraft verbunden fühlten und zu mehr Leistung motiviert waren. Ashley konnte drei Arten von Gruppen ausmachen, denen er in den ersten 100 Tagen seine Aufmerksamkeit schenken musste: sein direkt unterstelltes Team (Direktoren und Direktorinnen), deren Teams (Senior Management) und schließlich alle anderen (Managementebene und darunter).

Je nach Kategorie konnte Ashley verschiedene Besprechungs- und Kommunikationsformate arrangieren – von Einzelgesprächen mit seinen direkten Untergebenen über Gruppensitzungen mit leitenden Angestellten bis hin zu einer Versammlung oder geselligen Veranstaltung mit allen anderen. Ashley wusste, dass es richtig war, sich frühzeitig Zeit für gegenseitiges Zuhören und Verständnis zu nehmen. Er erkannte, dass er Gefahr lief, seine gesamte Zeit und Mühe auf die Asienreise und den Aufbau seiner Beziehungen zu neuen Auftraggebenden zu konzentrieren, und

▶

er gab seiner Coachin gegenüber zu, dass er es vielleicht versäumt hätte, sich in den ersten 100 Tagen mit seinen Teams in Verbindung zu setzen, wenn er sich nicht angemessen vorbereitet hätte.

Ashley hatte die Gelegenheit, im Rahmen seiner Vorbereitungen einige seiner leitenden Teammitglieder zu treffen, und er war überrascht über deren langsame Entscheidungsfindung. Alle warteten darauf, dass er auftauchte, das Kommando übernahm und ihnen sagte, was sie tun sollten. Es schien, als sei dieses Team daran gewöhnt, dass ihre Führungskraft ihnen bei jedem Schritt sagte, was sie zu tun hatten. Ashley erklärte seiner Coachin, dass sein Führungsstil völlig anders sein würde als der seiner Vorgängerin. Er wollte nicht, dass die Teammitglieder darauf warteten, dass man ihnen sagte, was sie tun sollten. Sein Stil bestand darin, klare Erwartungen hinsichtlich der zu erreichenden Ziele zu formulieren, aber er zog es vor, dass seine Teammitglieder selbst die Initiative ergriffen, um die Ziele zu erreichen.

Als Ashley über den Führungsstil seiner Vorgängerin nachdachte und darüber, dass sie Menschen bevorzugte, die darauf angewiesen waren, dass man ihnen sagte, was sie zu tun hatten, wurde ihm klar, dass er in seinen ersten 100 Tagen Zeit investieren musste, um seine direkten Mitarbeitenden umzuschulen und zu befähigen. Im Gespräch mit seiner Coachin erkannte Ashley, dass dieser Unterschied eine sehr positive Veränderung sein könnte und sein Team zu besseren Leistungen anspornen würde, aber es ging darum, diese Botschaft auf die richtige Weise zu vermitteln.

Während Ashley sprach, ermutigte ihn seine Coachin, sich diese Erkenntnisse zu notieren, da sie alle in seinem Plan für die ersten 100 Tage berücksichtigt werden müssten. „Was ist mit der Übung zur Profilerstellung?“, fragte seine Coachin. „Haben Sie damit Ihre Zeit sinnvoll genutzt?“

▶

Ashley antwortete, dass er nun ein besseres Verständnis für das große Ganze habe. Zunächst hatte er über die Art seines eigenen Führungsaufstiegs nachgedacht und darüber, dass er sich von einem funktionalen Experten für den Vertrieb zu einer Art General Manager für Mitarbeitende entwickeln musste. Er hatte auch Zeit investiert, um ein Profil des Marktes zu erstellen, und erkannte, dass der Markt immer wettbewerbsintensiver wurde, da vor kurzem neue Beteiligte hinzugekommen waren und sich um die Position stritten.

Als er die Technik anwandte, „mit Blick auf das Ziel zu beginnen", erkannte Ashley, dass seine Abteilung strategischer werden musste, was die angebotenen Produkte anging. Indem er klarer darüber nachdachte, was er mit seiner Rolle innerhalb von drei Jahren erreichen wollte, erkannte er, dass das Team einen völlig neuen Blick auf die Art und Weise werfen musste, wie es auf den Markt gehen wollte. Als Ashley und seine Coachin dies besprachen, hatte er die Idee, das Team in „strategische Zellen" von drei Personen aufzuteilen, wobei sich jede Zelle auf die wichtigsten strategischen Leapfrogging-Manöver konzentrieren sollte.

Ashley fühlte sich durch die vor ihm liegende Aufgabe noch mehr ermutigt. Er hörte aufmerksam zu, als seine Coachin ihm erklärte, wie man all diese Erkenntnisse aufnimmt und sie so ordnet, dass sie in einem optimalen Plan für die ersten 100 Tage gipfeln.

2 Seien Sie strategisch und beginnen Sie Ihren Plan mit Blick auf das Ziel

Wenn Sie strategischer über die Zukunft und Ihre Vision für diese Rolle nachdenken, bedeutet dies, dass Sie auch strategischer darüber nachdenken, was Sie in Ihren ersten 100 Tagen erreichen müssen. Wenn Sie mit dem Ziel vor Augen beginnen, werden Sie erkennen, welche neuen strategischen Initiativen in Ihren ersten 100 Tagen gestartet werden müssen. Was wollen Sie vor dem Hintergrund Ihrer übergeordneten Ziele jetzt in dieser Rolle erreichen? Wenn Sie drei Jahre vorspulen würden, wie würden Sie dann Ihre Erfolge und den neuen Stand der Dinge beschreiben wollen?

Beginnen Sie mit dem Ziel vor Augen:

- Fassen Sie einen dreijährigen Zeithorizont für Ihre Rolle ins Auge. Was möchten Sie innerhalb von drei Jahren in dieser Rolle erreicht haben?
- Legen Sie Ihre strategischen Prioritäten für Ihre ersten 12 Monate fest. Was sind Ihre Prioritäten für die ersten 12 Monate, wenn Sie wissen, was Sie in drei Jahren erreichen wollen?

... und erst dann sind Sie bereit, alle Teile zusammenzufügen und Ihren Plan für die ersten 100 Tage zu schreiben.

Wenn Sie nicht wissen, wohin Sie gehen, werden Sie an der falschen Stelle landen. Um Informationen für diese Übung zu sammeln, kann es erforderlich sein, dass Sie sich mit Ihren Vorgesetzten und den wichtigsten Interessenvertretenden treffen, bevor Sie offiziell Ihre neue Rolle antreten, aber in der Regel wird dies begrüßt und akzeptiert – und als positives Zeichen Ihrer Begeisterung für die Rolle gesehen. Versuchen Sie, sie nicht mit zu viel Neulingsbegeisterung zu überwältigen, bevor Sie anfangen, aber es sollte in Ordnung sein, einen relativ informellen Kaffee oder ein Einführungsgespräch zu vereinbaren, um die benötigten Informationen zu sammeln.

EINEN DREIJÄHRIGEN ZEITHORIZONT FÜR DIE ROLLE INS AUGE FASSEN

Stellen Sie sich Ihre Rolle als eine dreijährige Verpflichtung vor. Selbst wenn Ihr Vertrag keine zeitliche Begrenzung vorsieht, rate ich Ihnen, davon auszugehen, dass Sie Ihre Rolle in drei Jahren aufgeben werden. Das gibt Ihnen ein Gefühl der Dringlichkeit, mit der Sie die zentralen Herausforderungen angehen können. Angesichts der Tatsache, dass die Zeiträume für die Besetzung von Positionen schneller schrumpfen als je zuvor, ist es für leistungsstarke Führungskräfte realistischer, von einer dreijährigen Amtszeit auszugehen, und so oder so wird das Tempo erhöht.

Zwei Jahre sind ein bisschen kurz für die Art von Engagement, die Sie für einen Neuanfang aufbringen wollen. Das kann viel kurzfristiges Denken und reaktive Taktik zur Folge haben und ist nicht gerade förderlich für die Entwicklung von Visionen und strategischer Planung. Wenn Ihre Amtszeit anschließend länger als drei Jahre dauert, können Sie Ihre Pläne einfach auffrischen und neu ausrichten, wenn Sie in einen neuen Dreijahresrhythmus eintreten.

Denken Sie immer daran, dass Ihr Vermächtnis Sie in Ihrer langfristigen Karriere einholen wird, wenn Sie es nicht richtig machen. Konzentrieren Sie sich nicht nur auf kurzfristige Gewinne. Denken Sie verantwortungsbewusst an Ihren Beitrag und daran, wie Ihr bleibendes Vermächtnis und Ihr Ruf in jeder Rolle über die Dauer Ihrer Ernennung hinaus bestehen bleiben.

Schreiben Sie auf, was Sie in dieser Rolle bis zum Ende der drei Jahre erreicht haben möchten:

- Vision und Strategie
- Menschen und Teams
- Ergebnisse und Leistungen

	DREIJAHRESZIELE FÜR DIE ROLLE
In Bezug auf Vision und Strategie	.... Beispiel: *Wir sind die bevorzugten Anbietenden von Premiumdiensten in unserer Branche. Wir übertreffen die Konkurrenz in Bezug auf Produktmix, Preis-Leistungs-Verhältnis, Service für Kunden und Kundinnen sowie als Arbeitgebende erster Wahl.*
In Bezug auf Menschen und Teams	.... Beispiele: ● Ein dynamisches Führungsteam ist etabliert ● Eine positive Arbeitskultur ● Die Menschen möchten hier arbeiten ● Unsere Teams fühlen sich weltweit verbunden
In Bezug auf Ergebnisse und Leistungen	.... Beispiele: ● €-Umsatz und % der Wachstumsziele erreicht ● Wir haben einen Ruf dafür, Dinge zu erledigen ● Nachgewiesene Ergebnisse über alle unsere Kennzahlen ● Solide Finanzen einschließlich einer gesunden Vertriebs-Pipeline

STRATEGISCHE PRIORITÄTEN FÜR IHRE ERSTEN 12 MONATE FESTLEGEN

Nachdem Sie die Ziele, die Sie innerhalb von drei Jahren erreichen wollen, festgelegt haben, schreiben Sie in diesem Kontext nun Ihre ersten strategischen Prioritäten für die nächsten 12 Monate auf und nehmen Sie sich die Zeit, Ihre Prioritäten mit allem abzugleichen, was Sie bereits im Hinblick auf die folgenden Punkte gelernt haben:

- Ihre wichtigsten Herausforderungen beim Übergang
- Profil der Rolle, der Organisation und des Marktes
- frühe Gespräche mit Interessenvertretenden
- Ihre Karriereziele und Ihren Führungsanspruch

Wenn Sie die frühen Gespräche mit Interessenvertretenden oder die während der Einstellungsgespräche oder des Beförderungsprozesses umrissenen Anforderungen an die Rolle betrachten, sollten Sie bedenken, dass Ihnen die Rolle in dieser Einstellungsphase möglicherweise „verkauft" wurde – und dass einige schwierige Herausforderungen oder Prioritäten zwar erwähnt wurden, aber vielleicht nicht in all ihren glorreichen Details.

Es kommt häufiger vor, als es sollte, dass bei externen Bewerbenden der Verkaufsprozess sogar dazu geführt hat, dass die wahre Realität der Herausforderungen der Stelle ausgeblendet oder abgemildert wurde. Und wenn Sie eine Kündigungsfrist von drei oder mehr Monaten einhalten mussten, ist es unvermeidlich, dass sich die Prioritäten inzwischen verschoben haben und neue externe Faktoren hinzugekommen sind. Bevor Sie also Ihren Plan für die ersten 100 Tage schreiben können, sollten Sie sich mit Ihren Vorgesetzten zusammensetzen, um die geschäftlichen Prioritäten für die nächsten 12 Monate zu bestätigen und im Detail zu vereinbaren.

Dies ist natürlich auch die Gelegenheit, Ihre Vorgesetzte um Informationen darüber zu bitten, was von Ihnen in den ersten 100 Tagen erwartet wird. Nehmen Sie dies als Anregung für Ihren Plan für die ersten 100 Tage, denn natürlich möchten Sie im Idealfall mehr tun als das, was erwartet wird.

	DREIJAHRESZIELE FÜR DIE ROLLE	**STRATEGISCHE PRIORITÄTEN FÜR DIE ERSTEN 12 MONATE**
In Bezug auf Vision und Strategie	.... Beispiel: *Wir sind die bevorzugten Anbietenden von Premiumdiensten in unserer Branche. Wir übertreffen die Konkurrenz in Bezug auf Produktmix, Preis-Leistungs-Verhältnis, Service für Kunden und Kundinnen sowie als Arbeitgebende erster Wahl.*	.... Beispiel: *Klare Geschäftsstrategie ist in Betrieb, Kunden und Kundinnen stehen wieder im Mittelpunkt unseres Produktangebots.*
In Bezug auf Menschen und Teams	.... Beispiele: ● Ein dynamisches Führungsteam ist etabliert ● Eine positive Arbeitskultur ● Die Menschen möchten hier arbeiten ● Unsere Teams fühlen sich weltweit verbunden	.... Beispiele: ● Umfrage unter Mitarbeitenden am Jahresende stuft uns als die Abteilung des Unternehmens ein, für die man am besten arbeitet ● Neue Leitung für Kunden- und Kundinnenerfahrung ernannt ● Frische Talente identifiziert und ins Team geholt

▶

	DREIJAHRESZIELE FÜR DIE ROLLE	STRATEGISCHE PRIORITÄTEN FÜR DIE ERSTEN 12 MONATE
In Bezug auf Ergebnisse und Leistungen	.... Beispiele: ● €-Umsatz und % der Wachstumsziele erreicht ● Wir haben einen Ruf dafür, Dinge zu erledigen ● Nachgewiesene Ergebnisse über alle unsere Kennzahlen ● Solide Finanzen einschließlich einer gesunden Vertriebs-Pipeline	.... Beispiele: ● Umsatz- und Wachstumsziele des Quartals erreicht ● Auf Kurs, das jährliche Umsatzziel von 1 Mio. € zu übertreffen ● Gesunde Vertriebs-Pipeline vorhanden

3 Wenden Sie den First100assist™-Ansatz an

Jetzt sind Sie bereit, Ihren Plan für die ersten 100 Tage zu schreiben. Vor dem Hintergrund Ihrer Dreijahresziele und der strategischen Prioritäten der ersten 12 Monate sollte Ihr Plan mit den Ergebnissen beginnen, die Sie bis zum Ende der ersten 100 Tage erreichen möchten. Ihr Plan sollte dann anhand von monatlichen Meilensteinen (nach 30 Tagen, nach 60 Tagen, nach 90 Tagen) strukturiert werden, um monatliche Überprüfungen dieser gewünschten Ergebnisse zu erleichtern und um Ihren Plan auf Kurs zu halten.

Eine Reihe von Schlüsselthemen oder eine To-do-Liste sind kein Plan für die ersten 100 Tage

Meiner Erfahrung nach schreiben Führungskräfte in der Regel keine richtigen Pläne für die ersten 100 Tage. Stattdessen schreiben sie Listen. Sie haben entweder eine Reihe von Themen oder eine Liste von Dingen, die sie in den ersten 100 Tagen erledigen müssen, und sie verwechseln dies mit einem Plan. Überraschenderweise neigen Führungskräfte auch dazu, ihre Rolle einzugrenzen, anstatt sie in ihrer ganzen Pracht zu sehen. Beispielsweise neigen sie dazu, ihre Rolle als ihren individuellen Funktionsbereich zu betrachten, anstatt sich daran zu erinnern, dass sie auch ein Teammitglied unter Gleichgestellten sind und als Führungskraft des Unternehmens Werte schaffen müssen.

Angesichts der enormen Bedeutung einer neuen Rolle und des neuen Kontextes vereinfachen viele Führungskräfte ihren Plan zu sehr, indem sie sich auf eine zentrale Aufgabe konzentrieren, so etwa der neue Marketingdirektor bzw. die Marketingdirektorin auf die Umsetzung des Marketingplans. Und dann konzentrieren sie sich auf die nächste Aufgabe – den Aufbau des Teams. Dieser lineare Ansatz mit jeweils nur einer Aufgabe entspricht einem Tunnelblick und führt zu einem sehr langsamen Start.

Seit 2004 haben wir Hunderte von Plänen für die ersten 100 Tage entwickelt. Wir haben unseren Ansatz als Reaktion auf die Bedürfnisse unserer Klientel kontinuierlich verbessert. So haben wir viel Erfahrung und Fachwissen darüber gesammelt, was einen Best-Practice-Plan für die ersten 100 Tage ausmacht. Vor diesem Hintergrund habe ich den First100assist™-Ansatz entwickelt. Wir nehmen eine beliebige Führungsrolle und gestalten sie neu, indem wir sie im Rahmen einer gesamtsystemischen Betrachtung aufteilen (siehe Abbildung 1.1) und zehn konstituierende Rollen entwickeln.

Wir glauben, dass Sie in den ersten 100 Tagen Ihrer Führungsrolle Folgendes sein müssen:

- **Als Person**: Gestalter/Gestalterin des Übergangs und einzigartige(r) Mitarbeiter/Mitarbeiterin
- **In der Rolle**: Lerner/Lernerin von Inhalten, unternehmerische Spitzenkraft, Teambuilder/Teambuilderin und Anbieter/Anbieterin von Kommunikation
- **In der Organisation**: Aufbauer/Aufbauerin von Beziehungen, Wertschöpfer/Wertschöpferin und Kulturnavigator/Kulturnavigatorin
- **Auf dem Markt**: Marktakteur/Marktakteurin

Diese zehn konstituierenden Rollen sind im First100assist™-Modell in Abbildung 2.1 dargestellt.

Während der Profilerstellungs-Übung haben Sie bereits begonnen, über diese Rollen nachzudenken.

ALS PERSON

Gestalter/Gestalterin des Übergangs = Was sind die wichtigsten Führungsqualitäten, die ich verbessern muss?

Denken Sie über den Führungswechsel nach, den Sie vollziehen, und identifizieren Sie, was an dieser Herausforderung neu ist. Achten Sie auf fehlende Erfahrung oder fehlende Fähigkeiten. Wechseln Sie zum Beispiel zum ersten Mal von einer funktionalen Rolle zu einer Rolle im allgemeinen Management. Oder wechseln Sie von der Leitung eines Teams, das Ihnen direkt unterstellt ist, in eine Rolle, in der Sie mehr Einfluss nehmen können. Wenn Sie genauer über die Herausforderung des Wechsels in eine Führungsposition nachdenken, können Sie eventuelle Probleme vorhersehen oder abmildern.

Abbildung 2.1 Die zehn konstituierenden Rollen im First100assist™-Modell

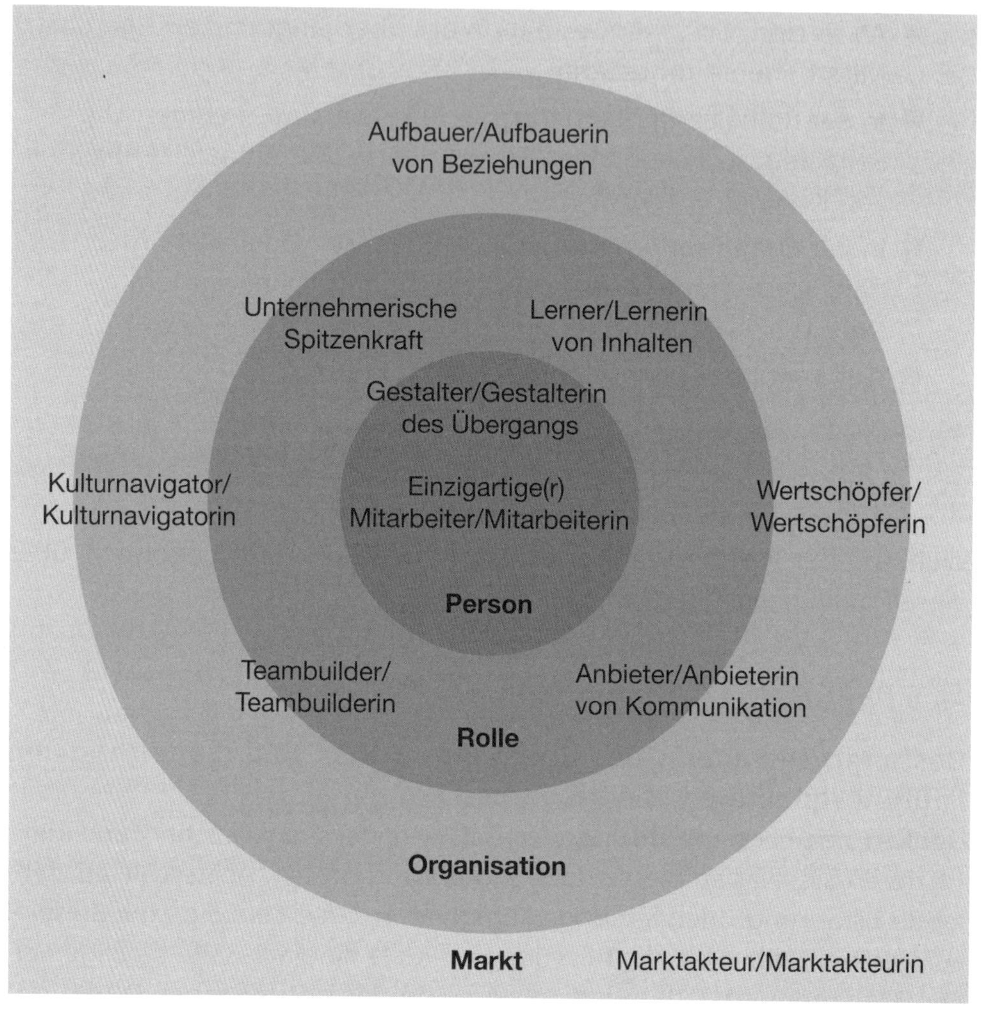

Einzigartige(r) Mitarbeiter/Mitarbeiterin = Was sind meine einzigartigen Eigenschaften oder Stärken, auf die ich mich verlassen kann, um zu einem frühen Vorteil oder frühen Gewinn beizutragen? Denken Sie über Ihre wichtigsten Talente nach und darüber, was Sie von Natur aus gut können – und überlegen Sie, wie Sie dies in Ihren ersten 100 Tagen wirkungsvoll einsetzen können. Wenn Sie zum Beispiel sehr inspirierend kommunizieren können, dann nutzen Sie dies, um einen starken Eindruck bei Ihren Interessengruppen und Ihrem Team zu hinterlassen.

IN DER ROLLE

Lerner/Lernerin von Inhalten = Welche spezifischen neuen Inhalte muss ich lernen?

Denken Sie an den Wechsel, den Sie in Bezug auf die Branche, das Unternehmen, die Geografie oder die Funktion vornehmen. Welche Recherchen sollten Sie in den ersten 100 Tagen anstellen, um fachkundiger zu werden oder um aufzuholen. Müssen Sie sich zum Beispiel über die neuesten Trends und relevanten digitalen Innovationen in diesem Bereich informieren?

Unternehmerische Spitzenkraft = Was sind die wichtigsten Geschäftsziele, die ich erreichen muss?

Fragen Sie Ihren Chef oder Ihre Chefin nach den Zielen, die mit dieser Rolle verbunden sind. Es ist nicht ungewöhnlich, dass man von Ihnen erwartet, dass Sie Ihre eigenen Ziele festlegen. Überlegen Sie also, welche Messgrößen zur Definition des Erfolgs in Ihrer neuen Rolle verwendet werden können. Denken Sie nicht nur an die offensichtlichen Ziele, wie zum Beispiel Verkaufsziele. Entwickeln Sie Ziele für die Personalbeschaffung, den Kundenservice oder andere relevante Ziele, die Ihnen helfen würden, den Erfolg am Ende Ihrer ersten 100 Tage nachzuweisen.

Teambuilder/Teambuilderin = Was muss ich tun, um ein leistungsfähiges Team aufzubauen?

Sie müssen überlegen, wie Sie das Team am besten strukturieren, wie Sie beurteilen, ob Sie die richtigen Leute in den richtigen Rollen haben, wie Sie eine gemeinsame Mission für Ihr Team entwickeln, wie Sie die Leute motivieren und wie Sie Rollen und Verantwortlichkeiten zuweisen. Im Jahr 2013 habe ich diesem Thema ein ganzes Buch gewidmet – mit dem Titel *Lead Your Team in Your First 100 Days* –, das es wert ist, gelesen zu werden, wenn Sie dieses wichtige Thema über das hinaus vertiefen möchten, was im vorliegenden Buch behandelt wird.

Anbieter/Anbieterin von Kommunikation = Welche Kommunikation muss ich anbieten, um mit meinen Interessengruppen in Kontakt zu treten?
Es reicht nicht aus, gute Arbeit zu leisten. Sie müssen Ihre Interessengruppen auf dem Laufenden halten und über Ihre Erfolge berichten. Denken Sie sowohl an soziale Medien als auch an traditionelle Plattformen für die Kommunikation mit Ihren Interessengruppen. Überlegen Sie, wie oft und wann Sie in den ersten 100 Tagen mit den Interessenvertretenden kommunizieren. In den ersten Tagen sollten Sie einige von ihnen zunächst wöchentlich, dann zweiwöchentlich und schließlich monatlich auf dem Laufenden halten.

IN DER ORGANISATION

Wertschöpfer/Wertschöpferin = Wie werde ich effektiv zur Strategieentwicklung beitragen und als Führungskraft des Unternehmens einen Mehrwert schaffen?
Denken Sie darüber nach, ob es angemessen ist, die bestehende Strategie weiterzuführen, oder ob Ihre Ernennung eine Gelegenheit ist, die Strategie zu erneuern oder umzugestalten. Sie könnten auch darüber nachdenken, wie Sie als Führungskraft des Unternehmens einen Mehrwert für das Unternehmen schaffen können – und nicht nur als Leiter oder Leiterin Ihres Funktionsbereichs. Vielleicht möchten Sie zum Beispiel eine konzernweite Initiative für Vielfalt und Integration oder ein anderes leidenschaftliches Projekt initiieren oder sich daran beteiligen.

Aufbauer/Aufbauerin von Beziehungen = Wie baue ich Beziehungen zu meinen wichtigsten Interessengruppen auf?
Es ist wichtig, dass Sie in den ersten 100 Tagen Ihre zehn wichtigsten Stakeholder und Stakeholderinnen identifizieren und treffen. Wie wollen Sie schon früh starke Beziehungen aufbauen und eine positive Grundlage für Ihre spätere Tätigkeit schaffen? Alle haben auf Ihre Ankunft gewartet und sind natürlich neugierig darauf, Sie kennenzulernen, vor allem, wenn sich Ihre Führung auch auf ihren Erfolg auswirken wird. Aber wen sollten Sie in Ihren ersten 100 Tagen unbedingt kennenlernen?

Kulturnavigator/Kulturnavigatorin = Wie kann ich diese Kultur erfolgreich verstehen und navigieren?
Achten Sie darauf, was Sie sehen, was Sie hören und was Sie fühlen. Seien Sie aufmerksam für die Politik unter der Oberfläche. Sie können die klügste Person im Raum sein, aber wenn Sie für Kultur und Politik taub sind, werden Sie sich in den ersten 100 Tagen und darüber hinaus wie ein Fisch auf dem Trockenen fühlen. Dies kann Ihre Glaubwürdigkeit und das Vertrauen der Menschen in Ihre Fähigkeit, etwas zu bewegen, beeinträchtigen.

AUF DEM MARKT

Marktakteur/Marktakteurin = Was kann ich auf dem Markt bewirken oder schnell gewinnen?
Seien Sie wachsam, wenn Sie in den ersten 100 Tagen einen schnellen Gewinn erzielen wollen. Was könnten Sie beginnen oder stoppen, um auf Ihrem Markt schnell etwas zu bewirken? Da Sie neu sind und einen frischen Blick auf die Situation haben, können Sie vielleicht eine Idee aus Ihrem früheren Unternehmen mitbringen oder eine offensichtliche Lücke in den Prozessen oder in der Betreuung der Kunden und Kundinnen entdecken. Nutzen Sie Ihre Neuheit, um einen Vorteil für Ihr Team und Ihr Unternehmen zu erlangen.

SCHRITT 1: BEGINNEN SIE MIT DEM ZIEL VOR AUGEN

Was wollen Sie bis zum Ende Ihrer ersten 100 Tage erreicht haben?

Entscheiden Sie für jede der zehn konstituierenden Rollen in Ihrem Gesamtsystem, was Sie bis zum Ende der ersten 100 Tage erreicht haben möchten. Tragen Sie dann Ihre zehn gewünschten Ergebnisse in die First100assist™-Vorlage ein.

First100assist™-Planvorlage, am Beispiel von Ashley bei der Zintech Bank.

Die Person (Sie als Führungskraft)

1 Gestalter/Gestalterin des Übergangs – Wie kann ich meine Führungsqualitäten verbessern?

Gewünschtes Ergebnis: Bis zum Ende der ersten 100 Tage möchte ich bei der Gestaltung des Übergangs Folgendes erreicht haben:

....

....

....

Beispiel:

Ich habe meine Führungsqualitäten erfolgreich von der Leitung von 500 Mitarbeitenden in Europa auf die Leitung eines Teams von 3.000 Mitarbeitenden in Europa und Asien übertragen.

2 Einzigartige(r) Mitarbeiter/Mitarbeiterin – Welche einzigartigen Eigenschaften oder Stärken kann ich zum Wohle aller nutzen?

Gewünschtes Ergebnis: Bis zum Ende der ersten 100 Tage möchte ich als einzigartiger Mitarbeiter bzw. einzigartige Mitarbeiterin Folgendes erreicht haben:

....

....

....

Beispiel:

Ich habe meine Kommunikationsstärke genutzt, um meine gesamte Gruppe von 3.000 Mitarbeitenden zu erreichen und zu inspirieren. Ich habe der Abteilung Premiumdienste neuen Schwung verliehen und dazu beigetragen, dass sich die Mitarbeitenden stärker engagieren und mit der Unternehmensvision und der Rolle, die wir bei ihrer erfolgreichen Umsetzung spielen, verbunden fühlen.

Die Rolle

3 Lerner/Lernerin von Inhalten – Welche Lernkurve oder inhaltliche Wissenslücke habe ich?

Gewünschtes Ergebnis: Am Ende der ersten 100 Tage möchte ich in Bezug auf die Lerninhalte Folgendes erreicht haben:

....

....

....

Beispiel:

Ich habe ein fachkundiges Verständnis für die Bedürfnisse unserer Kunden und Kundinnen, für die Leistungen unserer bestehenden Premiumdienste und für die diagnostizierten Möglichkeiten für strategische Innovationen gewonnen.

4 Unternehmerische Spitzenkraft – Was sind die wichtigsten Ergebnisse meiner Rolle?

Gewünschtes Ergebnis: Bis zum Ende der ersten 100 Tage möchte ich als unternehmerische Spitzenkraft Folgendes erreicht haben:

....

....

....

(Hinweis: Ich würde eine Aufzählungsliste unter dem gewünschten Ergebnis für „Unternehmerische Spitzenkraft" erwarten, da dies wahrscheinlich die am deutlichsten formulierten Geschäftsziele für Ihre Rolle sind).

Beispiel:

- Erreichte unsere vierteljährlichen Ziele für das Geschäftsjahr.
- Erzielte schnelle €€€-Gewinne mit großer Wirkung bei der Strategie für Premiumdienste.
- Verbesserte die Prozesse und das Team im Bereich Premiumdienste.
- Neue Einblicke in die wichtigste Klientel in Asien und Abschluss einer neuen Analyse zur Segmentierung der Kundschaft.

---

5 Teambuilder/Teambuilderin – Was kann ich tun, um ein leistungsfähiges Team aufzubauen?

Gewünschtes Ergebnis: Am Ende der ersten 100 Tage möchte ich im Teambuilding Folgendes erreicht haben:

....

....

....

Beispiel:

Ich habe das Team umstrukturiert, die Marketingleitung ausgetauscht, neue Talente eingestellt, Rollen und Verantwortlichkeiten neu zugewiesen und mit unserer Dreijahresvision in Einklang gebracht.

---

6 Anbieter/Anbieterin von Kommunikation – Wie werde ich meinem Team, meinen Vorgesetzten und den wichtigsten Interessengruppen meine Absichten mitteilen und wie werde ich sie über die Fortschritte informieren?

Gewünschtes Ergebnis: Am Ende der ersten 100 Tage möchte ich als Anbieter bzw. Anbieterin von Kommunikation Folgendes erreicht haben:

....

....

....

Beispiel:

Mit einer Kombination aus Intranetseite des Unternehmens, Twitter, Blog, Video, Einzelgesprächen, Teambesprechungen und Versammlungen habe ich die Zustimmung zu meiner Dreijahresvision, meinen 12-Monats-Prioritäten, meinem Plan für die ersten 100 Tage und unseren Fortschritten bei diesen Prioritäten sichergestellt.

▶

Die Organisation

7 Wertschöpfer/Wertschöpferin – Wie werde ich effektiv zur Strategieentwicklung beitragen und als Führungskraft des Unternehmens einen Mehrwert schaffen?

Gewünschtes Ergebnis: Am Ende der ersten 100 Tage möchte ich in Bezug auf den Wertzuwachs Folgendes erreicht haben:

....

....

....

Beispiel:

Ich habe unsere Go-to-Market-Strategie überarbeitet und effektiv zur unternehmensweiten Initiative für Vielfalt und Integration beigetragen.

8 Aufbauer/Aufbauerin von Beziehungen – Wer ist wirklich wichtig und wie baue ich Beziehungen zu meinen wichtigsten Interessengruppen auf?

Gewünschtes Ergebnis: Am Ende der ersten 100 Tage möchte ich beim Aufbau von Beziehungen Folgendes erreicht haben:

....

....

....

Beispiel:

Ich habe meine zehn wichtigsten Stakeholder und Stakeholderinnen in Europa und Asien kennengelernt und frühzeitig enge Beziehungen zu vertrauenswürdigen Beratenden geknüpft.

9 Kulturnavigator/Kulturnavigatorin – Was muss ich tun, um erfolgreich durch diese Kultur zu navigieren?

Gewünschtes Ergebnis: Am Ende der ersten 100 Tage möchte ich als Kulturnavigator bzw. Kulturnavigatorin Folgendes erreicht haben:

....

....

....

Beispiel:

Ich habe mein Verständnis für dieses neue Umfeld, für die Funktionsweise von Macht und Politik und für die Art und Weise, wie hier Entscheidungen getroffen werden, verbessert.

▶

Der Markt

10 Marktakteur/Marktakteurin – Was kann ich im Hinblick auf eine Marktwirkung oder einen frühen Gewinn erreichen?

Gewünschtes Ergebnis: Am Ende der ersten 100 Tage möchte ich als Marktakteur bzw. Marktakteurin Folgendes erreicht haben:

....

....

....

Beispiel:
Wir haben einen neuen Marktüberblick und ein schnelles Angebot auf dem Markt für Premiumdienste bekannt gegeben.

Nehmen Sie Ihre zehn gewünschten Ergebnisse und schreiben Sie sie in Form einer Aufzählung auf eine Seite. Sie können sich an der Zielsetzung des Projektmanagements orientieren und Ihre gewünschten Ergebnisse so SMART wie möglich gestalten: S = Spezifisch, M = Messbar, A = Ausführbar, R = Relevant und T = Terminlich gebunden.

Die zehn gewünschten Ergebnisse auf dieser Liste sollten nun Ihre zehn wichtigsten Prioritäten für die ersten 100 Tage darstellen. Halten Sie inne und überprüfen Sie: Gibt es etwas, das Sie versehentlich in Ihrer Top-Ten-Liste vergessen haben? Gehen Sie noch einmal die Herausforderungen des Übergangs, die Profilerstellung, Ihre Karriereziele und Ihr Führungsziel durch und überlegen Sie, was Sie innerhalb eines dreijährigen Zeithorizonts für die Rolle und innerhalb von 12 Monaten erreichen wollten. Ist jeder wichtige Punkt angemessen und auf hoher Ebene unter diesen zehn gewünschten Ergebnissen wiedergegeben?

Hier ist der Plan für Ashley bei der Zintech Bank.

PLAN FÜR DIE ERSTEN 100 TagE: DIE ZEHN WICHTIGSTEN ERGEBNISSE, DIE ICH BIS ZUM ENDE MEINER ERSTEN 100 TagE ERREICHEN MÖCHTE	
Gestalter des Übergangs	Ich habe meine Führungsqualitäten erfolgreich von der Leitung von 500 Mitarbeitenden in Europa auf die Leitung eines Teams von 3.000 Mitarbeitenden in Europa und Asien übertragen.
Einzigartiger Mitarbeiter	Ich habe meine Kommunikationsstärke genutzt, um meine gesamte Gruppe von 3.000 Mitarbeitenden zu erreichen und zu inspirieren. Ich habe der Abteilung Premiumdienste neuen Schwung verliehen und dazu beigetragen, dass sich die Mitarbeitenden stärker engagieren und mit der Unternehmensvision und der Rolle, die wir bei ihrer erfolgreichen Umsetzung spielen, verbunden fühlen.
Lerner von Inhalten	Ich habe ein fachkundiges Verständnis für die Bedürfnisse unserer Kunden und Kundinnen, für die Leistungen unserer bestehenden Premiumdienste und für die diagnostizierten Möglichkeiten für strategische Innovationen gewonnen.
Unternehmerische Spitzenkraft	Erreichte die vierteljährlichen Ziele für das Geschäftsjahr. Erzielte schnelle €€€-Gewinne mit großer Wirkung bei der Strategie für Premiumdienste. Verbesserte die Prozesse und das Team im Bereich Premiumdienste. Gewann einen besseren Einblick in die wichtigste Klientel in Asien und schloss eine neue Analyse zur Segmentierung der Kundschaft ab.
Teambuilder	Ich habe das Team umstrukturiert, die Marketingleitung ausgetauscht, neue Talente eingestellt, Rollen und Verantwortlichkeiten neu zugewiesen und mit unserer Zweijahresvision in Einklang gebracht.
Anbieter von Kommunikation	Mit einer Kombination aus neuer Intranetseite, Twitter, Blog, Einzelgesprächen, Teambesprechungen und Versammlungen habe ich die Zustimmung zu meiner Dreijahresvision, meinen 12-Monats-Prioritäten, meinem Plan für die ersten 100 Tage und unseren Fortschritten bei diesen Prioritäten sichergestellt.

▶

Wertschöpfer	Ich habe die Dreijahresvision für den Geschäftsbereich Premiumdienste überarbeitet und eine klare Richtung für die Prioritäten der nächsten 12 Monate festgelegt.
Aufbauer von Beziehungen	Ich habe meine zehn wichtigsten Stakeholder und Stakeholderinnen in Europa und Asien kennengelernt und frühzeitig starke Beziehungen zu vertrauenswürdigen Beratenden aufgebaut.
Kulturnavigator	Ich habe mein Verständnis für dieses Umfeld, für die Funktionsweise von Macht und Politik und für die Art und Weise, wie hier Entscheidungen getroffen werden, verbessert.
Marktakteur	Wir haben einen neuen Marktüberblick und ein schnelles Angebot auf dem Markt für Premiumdienste angekündigt.

SCHRITT 2: AUFTEILUNG DER GEWÜNSCHTEN ERGEBNISSE IN MEILENSTEINE FÜR 30, 60 UND 90 TAGE

Nachdem Sie Ihre Liste der zehn wichtigsten gewünschten Ergebnisse erstellt haben, müssen Sie im nächsten Schritt jedes gewünschte Ergebnis in monatliche Meilensteine von 30 Tagen, 60 Tagen und 90 Tagen unterteilen, denen erste Maßnahmen vorausgehen. Im folgenden Beispiel können Sie sehen, wie das funktioniert.

Schreiben Sie Ihr gewünschtes Ergebnis an den Anfang und unterteilen Sie es in überschaubare zeitliche Aufgaben: erste Schritte und dann die Ergebnisse, die Sie nach 30 Tagen, nach 60 Tagen und schließlich nach 90 Tagen erreichen wollen.

PLAN FÜR DIE ERSTEN 100 TAGE
GEWÜNSCHTES ERGEBNIS: ....
...

ERSTE SCHRITTE	NACH 30 TAGEN	NACH 60 TAGEN	NACH 90 TAGEN

Listen Sie also für jedes gewünschte Ergebnis die ersten Schritte auf, die Sie unternehmen müssen, und führen Sie die Zwischenergebnisse auf, die bis zu jedem 30-Tage-Meilenstein erreicht werden sollen. Am Ende werden Sie insgesamt zehn Tabellen haben, eine für jedes der zehn gewünschten Ergebnisse.

ERSTE SCHRITTE

Dies ist die Liste der Aktivitäten oder Aktionen, die Sie als erste Schritte unternehmen müssen. Nehmen Sie jedes gewünschte Ergebnis einzeln unter die Lupe. Was müssen Sie als einen oder mehrere unmittelbare erste Schritte tun?

Ergebnisse für monatliche Meilensteine

Dies ist keine Liste mit all den täglichen Aktivitäten oder Maßnahmen, die Sie ergreifen müssen. Es handelt sich um die monatlichen Ergebnisse, die Sie bis zu jedem Meilenstein erreicht haben möchten, damit Sie wissen, dass Sie auf dem richtigen Weg sind, um Ihr gewünschtes Ergebnis am Ende der 100 Tage zu erreichen.

Nach 30 Tagen

- Was müssten Sie nach 30 Tagen erreicht haben, um zu wissen, dass Sie auf dem richtigen Weg sind, um Ihr gewünschtes Ergebnis bis zum Ende der 100 Tage zu erreichen? (Füllen Sie das Feld „Nach 30 Tagen" aus.)

Nach 60 Tagen

- Was müssten Sie nach 60 Tagen erreicht haben, um zu wissen, dass Sie auf dem richtigen Weg sind, um Ihr gewünschtes Ergebnis bis zum Ende der 100 Tage zu erreichen? (Füllen Sie das Feld „Nach 60 Tagen" aus.)

Nach 90 Tagen

- Was müssten Sie nach 90 Tagen erreicht haben, um zu wissen, dass Sie auf dem richtigen Weg sind, Ihr gewünschtes Ergebnis bis zum Ende von 100 Tagen zu erreichen? (Füllen Sie das Feld „Nach 90 Tagen" aus.)

Hier ist Ashleys Plan für eines seiner gewünschten Ergebnisse.

Plan für die ersten 100 Tage

Gewünschtes Ergebnis in Bezug auf Wertschöpfung: Ich habe die Dreijahresvision für den Bereich Premiumdienste überarbeitet und eine klare Richtung für die Prioritäten der nächsten 12 Monate festgelegt.

ERSTE SCHRITTE	NACH 30 TAGEN	NACH 60 TAGEN	NACH 90 TAGEN
• Unternehmensvision und -mission recherchieren • Die Prioritäten des/der CEO verstehen. • Leistung des Unternehmens im Vergleich zu seiner Vision, Mission und den Prioritäten des/der CEO bewerten.	• Bestehende Vision und Strategie vollständig verstanden. • Neue Hypothesen über zukünftige Anforderungen und Prioritäten der nächsten 12 Monate entwickelt • Entwurf 1 der neuen Dreijahresvision abgeschlossen.	• Neue Dreijahresvision und Prioritäten der ersten 12 Monate mit wichtigen Interessengruppen abgestimmt. • Entwurf 2 überarbeitet, verfeinert und bestätigt. • Teamrollen und -verantwortlichkeiten zugewiesen.	• Veranstaltungen durchgeführt, um neue Vision und Schlüsselinitiativen zu starten und zu kommunizieren.

Schritt 3: Kontrolle und Fertigstellung Ihres Plans für die ersten 100 Tage

Inzwischen sollten Sie 11 Seiten Ihres Plans für die ersten 100 Tage haben. Seite 1 ist Ihre Liste der zehn gewünschten Ergebnisse, die Sie bis zum Ende der ersten 100 Tage erreichen wollen. Die Seiten 2 bis 11 sind für jedes gewünschte Ergebnis vorgesehen. Sie sollten eine eigene Seite haben, auf der Sie die ersten Schritte und die 30-, 60- und 90-Tage-Zusammenfassung darstellen, wie in Abbildung 2.2 gezeigt.

Abbildung 2.2 Vorlage für Ihren Plan der ersten 100 Tage

Plan für die ersten 100 Tage

Liste meiner 10 gewünschten Ergebnisse

Gewünschtes Ergebnis als Gestalter/Gestalterin des Übergangs …

Erste Schritte	Nach 30 Tagen	Nach 60 Tagen	Nach 90 Tagen

Gewünschtes Ergebnis als einzigartige(r) Mitarbeiter/Mitarbeiterin …

Erste Schritte	Nach 30 Tagen	Nach 60 Tagen	Nach 90 Tagen

Gewünschtes Ergebnis als Lerner/Lernerin von Inhalten …

Erste Schritte	Nach 30 Tagen	Nach 60 Tagen	Nach 90 Tagen

Gewünschtes Ergebnis als unternehmerische Spitzenkraft …

Erste Schritte	Nach 30 Tagen	Nach 60 Tagen	Nach 90 Tagen

Gewünschtes Ergebnis als Teambuilder/Teambuilderin …

Erste Schritte	Nach 30 Tagen	Nach 60 Tagen	Nach 90 Tagen

Gewünschtes Ergebnis als Anbieter/Anbieterin von Kommunikation …

Erste Schritte	Nach 30 Tagen	Nach 60 Tagen	Nach 90 Tagen

Gewünschtes Ergebnis als Aufbauer/Aufbauerin von Beziehungen …

Erste Schritte	Nach 30 Tagen	Nach 60 Tagen	Nach 90 Tagen

Gewünschtes Ergebnis als Wertschöpfer/Wertschöpferin …

Erste Schritte	Nach 30 Tagen	Nach 60 Tagen	Nach 90 Tagen

Gewünschtes Ergebnis als Kulturnavigator/Kulturnavigatorin …

Erste Schritte	Nach 30 Tagen	Nach 60 Tagen	Nach 90 Tagen

Gewünschtes Ergebnis als Marktakteur/Marktakteurin …

Erste Schritte	Nach 30 Tagen	Nach 60 Tagen	Nach 90 Tagen

Mehr dazu später, aber die Absicht ist, dass Sie Ihren Plan für die ersten 100 Tage an den wichtigen Meilensteinen von 30 Tagen, 60 Tagen und 90 Tagen überprüfen, um sicherzustellen, dass jedes Ihrer zehn gewünschten Ergebnisse während der gesamten 100 Tage auf Kurs ist. Es geht hier um zehn wichtige parallele Aktivitäten, die Sie alle gleichzeitig vorantreiben – so erzielen Sie in Ihrer Rolle die maximale Wirkung.

4 Executive Q&A: Ratschläge zum Schreiben des besten Plans für die ersten 100 Tage

Executive Coaching Q&A

Q: **Bei den Vorbereitungen für meinen Plan der ersten 100 Tage kämpfe ich mit dem Konzept des „Führungsziels". Im Prinzip ist das eine schöne Idee, aber ich habe keines. Ehrlich gesagt fühlt es sich falsch an, so zu tun, als ob ich durch etwas anderes motiviert wäre als durch das höhere Gehalt und den Status, die mit dieser Beförderung einhergingen. Vielleicht ist die Identifizierung meines Führungsziels ein nettes Extra und in meinem Fall nicht relevant?**

A: *Es ist in Ordnung, wenn Sie Ihr Ziel als Führungskraft noch nicht kennen – noch nicht! Die Bestimmung Ihres Führungsziels ist nicht unbedingt eine leichte Aufgabe. Es kann eine Weile dauern, bis Sie es herausfinden, und es kann so intensiv sein wie die Frage nach dem Sinn des Lebens. Bleiben Sie bei der Sache. Bleiben Sie bei dem Unbehagen, zu wissen, dass Sie keine tiefere Vorstellung davon haben, warum Sie die Arbeit tun, die Sie tun, außer für das Geld und den Status. Das Streben nach mehr Geld und Status ist ein starker extrinsischer Motivationsantrieb und kann sicherlich zu höheren Leistungen führen. Wenn Sie jedoch einen intrinsischen Grund zum Handeln finden, werden Sie mehr Erfüllung und Sinn in Ihrer Führungsarbeit finden. Einige extrem hoch bezahlte Führungskräfte sind tatsächlich sehr deprimiert, weil sie keinen Sinn in ihrer täglichen Arbeit sehen. Später blicken sie mit Bedauern darauf zurück, wie sie so viel von ihrem Leben im Dienst des*

Unternehmens verschwendet haben. Es ist besser, sich jetzt über das Warum klar zu werden und Ihre Karriereziele entsprechend zu ändern, als später eine Midlife-Crisis zu haben. Ich verspreche Ihnen, dass es möglich ist, sowohl hoch bezahlt zu werden als auch erfüllt zu sein – es ist nicht das eine oder das andere. Suchen Sie weiter nach dem, was Sie erfüllt.

Q: **Ich habe noch nicht genug Informationen, um meinen Plan zu schreiben. Ich habe zum Beispiel noch keine Übergabe gehabt. Ich kenne die vereinbarten Geschäftsziele für meine Rolle nicht. Wie kann ich einen Plan schreiben, bevor ich weiß, was von mir erwartet wird?**

A: *Beginnen Sie mit der Ausarbeitung Ihres Plans auf der Grundlage der bisherigen Gespräche und der Vorabrecherche, die Sie durchgeführt haben. Es ist fast besser, über weniger Informationen zu verfügen, damit Sie eine ganz neue Perspektive in die Profilerstellung einbringen und selbst entscheiden können, was die Rollendefinition sein sollte. Sie können sogar versuchen, Ihre eigenen Ziele zu setzen. In jedem Fall werden Sie, unabhängig von der Übergabe, nie über die perfekten Informationen verfügen, um Ihren Plan zu schreiben. Gehen Sie nicht einfach hin und nehmen Sie Anweisungen entgegen. Es ist besser, wenn Sie die Vorlage für den Erste-100-Tage-Plan verwendet haben, um die Schlüsselbereiche zu entwerfen und durchzuarbeiten und Ihre eigenen frischen Ideen einzubringen.*

Bei Ihrer Ankunft wird das Ihre Fragen auf die bestehenden Lücken konzentrieren. Bedenken Sie auch, dass Ihr Chef oder Ihre Chefin Ihnen vielleicht nie konkrete Ziele oder Kennzahlen vorgibt, also seien Sie immer bereit, Ihre eigenen festzulegen. In Ermangelung einer klaren Richtung ist Ihr Planentwurf eine Gelegenheit, einige Führungspfähle in den Boden zu rammen und das Dokument zu nutzen, um von Ihren Vorgesetzten und anderen die Bestätigung zu erhalten, dass Sie sich in die richtige Richtung bewegen. Sie werden es zu schätzen wissen, dass Sie die Initiative ergreifen.

Q: Ich verstehe nicht ganz, was Sie mit „Gestaltung des Übergangs" meinen und warum das wichtig ist.

A: *Ich stelle fest, dass Kunden und Kundinnen oft nicht richtig bestimmen, was genau an dieser neuen Rolle anders ist als an ihrer letzten Rolle. Für manche Menschen ist es einfach nur ein neuer Job und sie haben sich nicht die Zeit genommen, gründlicher darüber nachzudenken, was genau daran neu ist, und auf die Führungsqualitäten zu achten.*

Am schlimmsten ist es, wenn Personen mit funktionaler Expertise wie etwa Vertriebsleitende zu Generaldirektoren bzw. -direktorinnen oder zu Geschäftsführenden befördert werden, aber immer noch wie Vertriebsleitende handeln, anstatt ihren Führungsauftrag zu erweitern, die Strategie festzulegen und alle Funktionsleitenden entsprechend zu führen. Ein anderes Beispiel ist, wenn Finanzdirektoren oder -direktorinnen zu CEOs werden und das Unternehmen wie Buchhaltende führen, anstatt als Visionäre und Visionärinnen zu agieren, indem sie die Risiken reduzieren und sich mehr auf Kostensenkungen als auf Wachstum und Wertschöpfung konzentrieren.

Ein weiteres Beispiel für einen Übergang, der Aufmerksamkeit erfordert, ist der Wechsel von der Leitung eines kleinen Teams in einem Land zur Leitung von Hunderten von Mitarbeitenden auf der ganzen Welt. Dies hat radikale Auswirkungen auf Ihre Aufgaben als „Anbieter bzw. Anbieterin von Kommunikation", denn Sie müssen Menschen, die Sie vielleicht nie persönlich treffen, über Kulturen hinweg inspirieren und mit ihnen in Kontakt treten.

Achten Sie darauf, die wichtigsten Veränderungen in Ihrer Rolle zu erkennen. Verleugnen Sie sie nicht, indem Sie annehmen, dass Sie sie ignorieren können. Nehmen Sie zur Kenntnis, dass sich Ihre Rolle verändert hat und Sie sich verändern müssen. Seien Sie immer offen dafür, neue Führungsqualitäten zu erlernen. Alles ist dynamisch, nichts bleibt im Geschäftsleben gleich. Selbst wenn Sie in der Vergangenheit Erfahrungen in einer ähnlichen Rolle gesammelt haben, kann die Kultur hier anders sein – und mit Sicherheit hat sich auch die Wirtschaft verändert. Bleiben Sie also offen für die notwendigen Veränderungen.

@ Beim Start

- Zeigen Sie sich als Führungspersönlichkeit, nicht als Manager oder Managerin
- Spielen Sie nicht den Helden oder die Heldin – es geht nicht nur um Sie
- Investieren Sie Zeit, um eine Beziehung zu Ihrem Team aufzubauen
- Bewältigen Sie das Gefühl der Überforderung
- Executive Q&A: Beratung zu Fragen und Szenarien beim Start
- Kritische Erfolgsfaktoren für die nächsten 30 Tage: Tag 1–30

1 Zeigen Sie sich als Führungspersönlichkeit, nicht als Manager oder Managerin

Bei Ihrer Ankunft sollten Sie sich sehr gut vorbereitet fühlen. Ihr Plan für die ersten 100 Tage ist gründlich und vollständig. Es ist ein gut aussehendes Dokument, das Sie bei Ihrer Ankunft mit Ihren Vorgesetzten besprechen können. So weit, so gut. Aber natürlich fängt Ihre Herausforderung am ersten Tag in Ihrer neuen Position gerade erst an. Jetzt müssen Sie Ihren Plan für die ersten 100 Tage zum Leben erwecken und ihn erfolgreich umsetzen. Und so schließt sich der Kreis und wir konzentrieren uns nicht mehr auf den Plan, sondern wieder auf *Sie als Führungskraft* und Ihre Fähigkeit, den Kurs erfolgreich zu bestimmen.

Wir haben das Wort „Führungskraft" in diesem Buch bereits mehrmals erwähnt. Es ist nun an der Zeit zu klären, was mit diesem überstrapazierten und missverstandenen Begriff gemeint ist. Meiner Erfahrung nach sind die meisten Führungskräfte in großen globalen Unternehmen professionelle Manager oder Managerinnen und keine Führungskräfte. Vielleicht glauben Sie, dass Sie eine Führungskraft sind, vielleicht hat man Ihnen in Ihrem Unternehmen jahrelang gesagt, dass Sie eine Führungskraft sind. Aber nur weil Ihnen dieser Titel verliehen wurde, nur weil Sie ein Team haben und eine Autoritätsposition innehaben, sind Sie noch lange keine echte Führungskraft.

Seien Sie bereit, Ihre Geschichte kurz und bündig zu erzählen

Stellen Sie sich in ein paar Sätzen vor – fassen Sie Ihren Hintergrund zusammen, sagen Sie, was Ihnen wichtig ist und welchen Mehrwert Sie für diese Position mitbringen.

Fassen Sie sich kurz und seien Sie darauf vorbereitet, diese Geschichte immer wieder zu erzählen, wenn Sie neue Mitarbeitende und wichtige Interessengruppen treffen. Legen Sie im Sinne einer Marke fest, wofür Sie bekannt sein sollten. Heben Sie Ihre Fähigkeiten, Beziehungen und Spezialisierungen hervor.

Nach meiner Erfahrung verhalten sich die meisten so genannten Führungskräfte wie professionelle Manager oder Managerinnen. Ich meine damit, dass sie sich immer noch auf die Macht und Autorität ihrer Rolle verlassen, um Dinge zu erledigen. Wie Manager und Managerinnen sehen sie ihre Rolle in der Regel darin, zu organisieren und Ressourcen zu lenken, indem sie die Anweisungen befolgen, die ihnen von anderen erteilt werden. Das sind Personen, die managen, die Folge leisten, aber nicht führen. Über das Thema Führung sind Tausende von Büchern geschrieben worden. Es wird so kompliziert, dass es sich wie eine unmögliche Aufgabe anfühlt, jemanden von A nach B zu führen. Ich halte es gerne einfach.

Eine Führungskraft sollte Folgendes tun:

- Eine klare Richtung vorgeben.
- Die Menschen mitnehmen.
- Ergebnisse liefern.

Abbildung 3.1 Die Rolle der Führungskraft im First100assist™-Führungsansatz

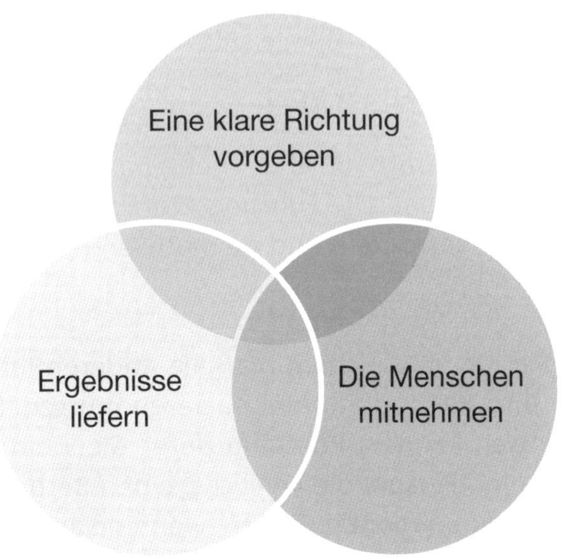

Ich führe dies als die drei Hauptaufgaben jeder Führungskraft auf, aber beachten Sie, dass es sich dabei nicht um separate Aufgaben handelt. Diese drei Aufgaben sind untrennbar miteinander verbunden und können nicht isoliert voneinander existieren. Aus diesem Grund verwende ich ein Venn-Diagramm, um das Bild der sich überschneidenden Aktivitäten und Verbindungen im First100assist™-Führungsansatz zu veranschaulichen.

EINE KLARE RICHTUNG VORGEBEN

Niemand kennt die richtige Antwort auf die Zukunft. Aber eine Führungspersönlichkeit wird den Mut haben, schon früh Pflöcke einzuschlagen und zu sagen: „Ich habe auch nicht alle Antworten, aber lasst uns *dorthin* gehen." Bei „dorthin" kann es sich um einen neuen Markt, neue Produkte und Dienstleistungen, einen kompletten Relaunch oder um alles davon handeln. Der Anführer oder die Anführerin hat den Mut, es zu wagen. Wenn „dorthin" ein sehr komplizierter „Punkt B" ist, können Sie intuitiv verstehen, dass der Weg dorthin ebenfalls kompliziert sein wird und dass es Widerstand geben wird. Sie müssen sich also in den ersten 100 Tagen über die Richtung im Klaren sein und darüber, warum Sie „dorthin" gehen. Je mehr Klarheit über den Endpunkt und den Plan, diesen zu erreichen, herrscht, desto einfacher wird die Reise für alle Beteiligten.

DIE MENSCHEN MITNEHMEN

Wenn nur die Führungskraft „dorthin" geht, passiert natürlich nicht viel, was den Fortschritt angeht. Die Führungskraft muss den Menschen ihre Vision von „dorthin" vermitteln und sie motivieren, sich auf den Weg zu machen.

Unterschätzen Sie nie, in welchem Maß Sie anderen Ihre Richtung und die Gründe für Ihre Richtung kommunizieren müssen. Selbst wenn Sie nicht alle Antworten kennen, kommunizieren Sie weiter. Und natürlich ist es dann nicht eine Person, die versucht, einen Berg zu versetzen. Die Menschen werden Ihnen spontan folgen, wenn sie an Ihre Vision glauben und das Gefühl haben, dass auch sie an ihrem Erfolg beteiligt sind.

ERGEBNISSE LIEFERN

Das Ziel zu erreichen und zu versuchen, dorthin zu gelangen, wird nur dann eine gute Idee und ein guter Plan gewesen sein, wenn die Ergebnisse dies beweisen. Andernfalls stellen wir alle fest, dass die Führungskraft einen großen Fehler bei der Ausrichtung gemacht hat und wir dumm waren, ihr zu folgen. Die Erzielung der richtigen Ergebnisse beweist die Qualität der Führungskraft in Bezug auf ihre Fähigkeit, eine klare Richtung vorzugeben und die Mitarbeitenden mitzunehmen.

In Ihren ersten 100 Tagen – und darüber hinaus – sollten Sie diese drei Führungsaufgaben im Auge behalten:

- Geben Sie eine klare Richtung vor, wo Sie am Ende der 100 Tage sein wollen.
- Nehmen Sie Ihre Mitarbeitenden mit (Chef/Chefin, Team, Interessengruppen, Kunden/Kundinnen).
- Liefern Sie bis zum Ende der ersten 100 Tage die richtigen Ergebnisse.

WIE SIE IHREN PLAN FÜR DIE ERSTEN 100 TAGE AUF DEN WEG BRINGEN

Sie können Ihren Plan für die ersten 100 Tage gleich nach Ihrer Ankunft mit großem Trara vorstellen, aber ich rate Ihnen davon ab. Stattdessen ist es am besten, wenn Sie ankommen und sich fünf bis zehn Tage lang in die Rolle einarbeiten, um zu prüfen, wie die Erfahrung bei Ihrer Ankunft ist, und um den Plan zu bestätigen und gegebenenfalls letzte Änderungen vorzunehmen.

Es kann zum Beispiel sein, dass Sie vor Ihrer Ankunft noch nicht alle Stakeholder und Stakeholderinnen kennengelernt haben, so dass Ihr Plan für die ersten 100 Tage vielleicht noch nicht alle Erwartungen der Interessengruppen enthält.

Bei Ihrer Ankunft empfehle ich Ihnen die folgenden Schritte:

- Teilen Sie den Entwurf Ihres Plans für die ersten 100 Tage mit Ihren Vorgesetzten.
- Überprüfen und bestätigen Sie die Prioritäten und Erwartungen mit Ihren Vorgesetzten und den wichtigsten Interessengruppen.
- Treffen Sie Ihr Team von Direktunterstellten und informieren Sie sich über deren Probleme und Perspektiven.
- Sie könnten den Plan oder wichtige Aspekte des Plans in einem Workshop mit Ihrem Team besprechen und dessen Feedback einholen.
- Besuchen Sie die entsprechenden Arbeitsstätten und Büros sowie die Hauptverwaltung, um ein Gefühl für die Kultur zu bekommen.
- Holen Sie sich den Rat und die Unterstützung anderer Neuankömmlinge, wie Sie sich am besten eingliedern können.
  - Stellen Sie Ihren Plan für die ersten 100 Tage fertig.
  - Ob Sie Ihren Plan für die ersten 100 Tage an alle Beteiligten weitergeben oder nicht, bleibt Ihnen überlassen. Ich empfehle Ihnen, den Plan vollständig mit Ihren Vorgesetzten zu teilen, aber danach können Sie taktisch entscheiden, wie viel des Plans Sie wem mitteilen, je nachdem, was in Ihrem Kontext angemessen ist.

Wie Sie Ihren Plan für die ersten 100 Tage kommunizieren, ist ebenfalls eine Überlegung wert. Nutzen Sie die gesamte Palette der verfügbaren Kommunikationsarchitekturen: persönlich, Roadshows, Versammlungen, Podcasts, Blogs, Vlogs, E-Mails, Positionspapiere und/oder jedes andere wirksame Mittel für Ihren Kontext.

2 Spielen Sie nicht den Helden oder die Heldin – es geht nicht nur um Sie

Denken Sie bei Ihrer Ankunft daran, dass Sie ein Team anführen. Sie sind keine einsamen Helden oder Heldinnen, die in diese Situation kommen wie Superman, der auf der Erde ankommt, um die Welt zu retten. Schon die Definition des Wortes „anführen" impliziert die Abhängigkeit, dass Menschen geführt werden müssen – nicht gerettet.

Als neu ernannte Führungskraft möchten Sie natürlich Ihr Team und Ihre Interessengruppen beeindrucken. Wir alle lieben es, auf ein Podest gestellt zu werden und von anderen hoch angesehen zu sein. Ihre Vorgesetzten haben Sie eingestellt und möchten diese Entscheidung rechtfertigen, um ihre eigenen Vorgesetzten und Ihr Team zu beeindrucken. Es ist also sehr wahrscheinlich, dass man schon vor Ihrer Ankunft für Sie geworben hat.

Ich kenne eine Führungskraft, deren neuer Chef entweder absichtlich oder irrtümlich allen erzählte, sie habe einen Abschluss der Harvard Business School – obwohl sie in Wirklichkeit nur einen kurzen fünftägigen Kurs für Führungskräfte besucht hatte, ohne Prüfung und ohne daraus resultierende Qualifikation.

Das Team lässt sich ebenfalls auf dieses Superheldenspiel ein, weil es vielleicht mit seiner vorherigen Führungskraft unzufrieden war und darauf wartet, dass Sie kommen, um es zu retten und ihm den Weg nach vorne zu zeigen. Ich weiß von einer Situation, in der das gesamte Team dachte, dass jemand aus dem Gründungsteam eines hochgelobten Unternehmens für Sozialtechnologie kommen würde, um es anzuführen – obwohl diese Person in Wirklichkeit gar nicht an der Gründung beteiligt war und nur eine kurze zweijährige Tätigkeit in diesem Unternehmen zu einem früheren Zeitpunkt ihrer Karriere ausgeübt hatte.

Und so weiter und so fort, die Beispiele sind zahlreich. Die Gerüchte und die Mythen, die mit der neu eingetroffenen Führungskraft verbunden sind, beginnen zu wachsen und sich zu verbreiten, noch bevor Sie überhaupt einen Fuß in das Unternehmen setzen.

Sie selbst wollen ein Held oder eine Heldin sein, Ihre Vorgesetzten wollen es so und Ihr Team will es so. Daher ist es natürlich sehr verlockend, in die Heldenfalle zu tappen. Was kann schon schiefgehen, wenn man den Menschen gibt, was sie wollen? Wo liegt das Problem?

Es gibt viele Probleme. Wenn die Führungspersönlichkeit als die Lösung angesehen wird, wird dem Aufbau eines leistungsstarken Teams weniger Aufmerksamkeit geschenkt. Wenn die Bedeutung des Aufbaus eines leistungsstarken Teams in den Hintergrund tritt, ist das mittel- bis langfristig eine Katastrophe und das ist nicht klug. Tatsächlich setzen Sie sich selbst zu sehr unter Druck, um im Alleingang etwas zu erreichen. Wenn Sie den ganzen Leistungsdruck auf Ihre Schultern nehmen und eine verherrlichte Version Ihrer selbst spielen, wird es nicht lange dauern, bis die Leute merken, dass Sie nicht alle Antworten haben. Schon bald zeigen sich die ersten Risse und die Menschen werden noch enttäuschter von Ihnen sein, wenn Sie von einem zu hohen Sockel fallen. Je höher der Sockel, desto größer der Sturz.

Ich kenne mehrere extern ernannte Direktoren und Direktorinnen, die bei ihrer Ankunft als Helden und Heldinnen gefeiert wurden und dann innerhalb der ersten 12 oder 18 Monate gefeuert wurden. Denken Sie in aller Bescheidenheit daran, dass Sie ohne die Unterstützung Ihres Teams nicht sehr viel erreichen können. Konzentrieren Sie sich darauf, eine authentische Führungspersönlichkeit zu sein, eine Person, die sich in ihrer eigenen Führungsrolle wohl fühlt, die sich ihrer Stärken und Schwächen bewusst ist und die bereit ist, ein erfolgreiches Team aufzubauen, anstatt sich auf eine illusorische Superheldenversion von sich selbst einzulassen.

3 Investieren Sie Zeit, um eine Beziehung zu Ihrem Team aufzubauen

Mit der Zeit werden Sie und Ihr Team eine Verbindung eingehen. Sie beginnen, den Menschen zu vertrauen, und diese beginnen, Ihnen zu vertrauen. Zum Beispiel wird eine offene Bemerkung von Ihnen nicht mehr so persönlich genommen, wenn die Teammitglieder merken, dass

Sie erfrischend offen zu allen sind. Sie können Monate warten, bis sich alle kennengelernt haben und sich in der Zusammenarbeit wohl fühlen. Oder Sie können ganz bewusst versuchen, den Prozess der Bindung zwischen Führungskraft und Team in den ersten 100 Tagen zu beschleunigen, um bessere und schnellere Ergebnisse zu erzielen. Je schneller und tiefer die Bindung zwischen Führungskraft und Team ist, desto produktiver ist die Leistung gegenüber dem Plan.

Der beste Weg, um Barrieren abzubauen und Vertrauen zu Ihrem Team aufzubauen, ist ganz einfach Ihr Führungsverhalten und die Art und Weise, wie Sie Ihre Mitarbeitenden vom ersten Moment an Tagtäglich behandeln. Unterschätzen Sie nicht, wie wichtig es ist, sowohl ein guter Mensch als auch eine gute Geschäftsperson zu sein. Wenn die Menschen eine Beziehung zu Ihnen aufbauen können, Sie respektieren und mögen, werden sie härter für Sie arbeiten.

Hier sind einige Tipps:

- Seien Sie geradeheraus.
- Demonstrieren Sie Fairness.
- Beeindrucken Sie die Menschen mit Ihrer Leidenschaft.
- Bitten Sie um Hilfe, seien Sie freundlich, seien Sie optimistisch.
- Liefern Sie frühzeitig Mehrwert und bringen Sie etwas Neues auf den Tisch.
- Behalten Sie Ihre Emotionen unter Kontrolle, auch wenn der Druck steigt.

Folgendes sollten Sie offensichtlich nicht tun:

- Hören Sie auf, zum Team „Sie" zu sagen, und fangen Sie an, „wir" zu sagen.
- Beleidigen Sie niemanden, indem Sie etwas politisch Unkorrektes sagen.
- Hören Sie auf zu sagen, wie toll Ihr letztes Unternehmen war.
- Verlieren Sie nicht die Beherrschung.

Da es ein häufiger Fehler ist, seien Sie sich bewusst, wie irritierend es für ein Team ist, wenn neue Mitarbeitende ständig darauf verweisen, dass „wir es in meinem letzten Unternehmen so gut gemacht haben". Dadurch wird der Eindruck erweckt, dass das vorherige Unternehmen erstaunlich effektiv war und dieses Unternehmen eine Enttäuschung ist. Das wird Ihr Team entfremden, das das Gefühl hat, nicht Ihrem Standard zu entsprechen, und es ist auch ein subtiles Zeichen dafür, dass Sie Ihrem neuen Unternehmen gegenüber noch nicht loyal sind. Seien Sie also nicht die nervigen Neuen, die immer wieder von den fabelhaften Leistungen des vorherigen Unternehmens schwärmen. Sie werden nur mit den Augen rollen, wenn Sie nicht hinsehen – und schlimmer noch, sich passiv-aggressiv weigern, Ihre Ideen aus dem vorherigen Unternehmen zu übernehmen.

SEIEN SIE AUTHENTISCH

Ein großes Modewort in der Führungsetage ist derzeit „Authentizität". Klingt toll, aber was bedeutet es wirklich? Authentizität bedeutet, Ihrem wahren Charakter treu zu bleiben, Ihre Stärken auszuspielen und Ihre Schwächen zu akzeptieren. Es geht darum, als Führungskraft Sie selbst zu sein und nicht eine Maske aufzusetzen und die Rolle der Führungskraft zu spielen. Manche Menschen sind zum Beispiel sehr extrovertierte, dynamische Führungspersönlichkeiten, andere sind eher introvertiert und ruhig. Beide Ansätze sind in Ordnung. Es gibt nicht den „einen Weg". Es gibt keinen „besten Stil".

Für Sie gibt es nur „Ihren Weg". Sie haben den Job – also haben Sie jetzt das Selbstvertrauen, ihn auf Ihre Weise zu erledigen. Niemand sollte versuchen, einen Stil vorzutäuschen, der nicht zu der Person passt. Eine Maske als Führungskraft zu tragen, ist sehr anstrengend und kann schließlich zu einem Burnout der Führungskraft führen. Kennen Sie Ihren eigenen bevorzugten Führungsstil und haben Sie das Selbstvertrauen, ihn zu leben.

Die Vorstellung, dass wir alle extrovertiert sein müssen und tonnenweise Charisma haben, ist eine veraltete Sichtweise auf die besten Führungskräfte. Wir alle wissen, dass die Introvertierten oder Ambivertierten genauso gute Führungsarbeit leisten können, wenn nicht sogar bessere, als alle lauten, „charmanten" Extrovertierten. Natürlich lernen wir als Führungskräfte ständig dazu und verbessern unsere Herangehensweise. Sie wollen nicht in einem Führungsstil feststecken, aber bei jeder Entwicklung sollte es darum gehen, Ihren wahren, authentischen Stil weiterzuentwickeln, anstatt die Herangehensweise anderer zu übernehmen oder vorzutäuschen.

Wenn Sie die Leitung eines neuen Teams übernehmen, ist das eine Gelegenheit, über Ihren Führungsstil und Ihren Ansatz nachzudenken. Denken Sie darüber nach, wie Sie in der Vergangenheit Teams geführt haben:

- Was waren Ihre größten Stärken, als Sie ein Team geleitet haben?
- Welches Feedback haben Sie von Ihrem Team und anderen zu Ihren Verbesserungsmöglichkeiten erhalten?

Authentisch zu sein, wenn es darum geht, Ihr Team zu führen, bedeutet auch, Ihre Stärken und Grenzen zu kennen und Ihr Team entsprechend zusammenzustellen, um Sie in dem, was Sie gut können, zu unterstützen und die Lücke in dem, was Sie nicht so gut können, zu schließen. Sie können zum Beispiel sehr gut in Strategie und Struktur sein, aber vielleicht nicht so gut in der Ausführung und Umsetzung. Authentisch zu sein bedeutet, dass Sie sich in Ihrer Haut als Führungskraft wohlfühlen, ein ausgeprägtes Selbstbewusstsein haben und bescheiden genug sind, um anzuerkennen, dass Sie andere brauchen, die Ihre Fähigkeiten ergänzen.

SEIEN SIE INSPIRIEREND

Es ist unglaublich motivierend für Ihre Teammitglieder, wenn Sie Sinn und Leidenschaft für das haben, was Sie tun, und wenn Sie in der Lage sind, diese Leidenschaft durch Ihre Art zu sprechen, Ihren Tonfall und Ihre neuen Ideen auf andere zu übertragen. Um inspirierend zu sein, müssen Sie sich zuerst inspiriert fühlen.

Wollen die Leute generell hören, was Sie zu sagen haben, oder achten Sie darauf, ob ihre Augen glasig werden, während Sie übermäßig lange Monologe über alle Themen und Probleme halten? Der beste Weg, mit anderen Menschen in Verbindung zu treten und sich auf sie einzulassen, besteht darin, ihnen Fragen zu stellen, ihren Antworten zuzuhören und den Gesprächsfaden bei der nächsten Begegnung wieder aufzunehmen.

NUTZEN SIE DIE FORMELLEN UND INFORMELLEN KONTAKTPUNKTE

Wenn Sie darüber nachdenken, wie Sie am besten die richtige persönliche Wirkung auf andere erzielen können, sollten Sie an die kleinen Meetings und informellen Begegnungen denken, die den größten Teil des Tages einer Führungskraft ausmachen, da solche Interaktionen die Wahrnehmung am stärksten beeinflussen. Neben formellen Berührungspunkten wie Einzelgesprächen und Teamworkshops sollten Sie sich auch Zeit für informelle Berührungspunkte wie das Mittagessen oder die Fahrtzeit nehmen, um mit den Teammitgliedern zu besprechen, wie die Dinge laufen, wo es Engpässe gibt, wie Sie helfen können und was Sie nicht wissen, was Sie aber wissen sollten.

Die Bindung zwischen Führungskraft und Team kann per Telefon und online erfolgen, aber der Prozess der Bindung geht viel schneller, wenn man sich persönlich trifft. Je nach geografischer Verteilung sollten Sie versuchen, jedes Teammitglied in den ersten 100 Tagen mindestens einmal zu treffen. Die Kosten, um sie einfliegen zu lassen oder selbst zu einem zentralen Ort zu reisen, um mehr als eine Person zu treffen, sind eine lohnende Investition.

NUTZEN SIE OFFENHEIT

Offenheit kann eine sehr wirkungsvolle Taktik sein, um eine unmittelbare und tiefe Beziehung zu den Menschen in Ihrem Team aufzubauen. Wenn Sie zum Beispiel zugeben, dass Sie sich von der neuen Aufgabe eingeschüchtert fühlen, auch wenn Sie das für eine Schwäche halten, werden Ihre Mitarbeitenden eher mit Ihnen mitfühlen und Sie bei Ihrem Erfolg unterstützen. Wenn Sie zu unnahbar und zu arrogant erscheinen, um Ihre Herausforderungen mit ihnen zu teilen, werden sie Sie wahrscheinlich weniger unterstützen. Die Unterstützung Ihres Teams in den ersten 100 Tagen zu gewinnen, ist für Ihren Erfolg entscheidend. Nutzen Sie Offenheit, um gegenseitige Empathie aufzubauen.

4 Bewältigen Sie das Gefühl der Überforderung

WIE SIE MIT DEM GEFÜHL DER ÜBERFORDERUNG UMGEHEN KÖNNEN

Der Beginn in einer neuen Rolle kann sich überwältigend anfühlen. Ich wiederhole das immer wieder, weil es wahr ist und weil Sie dieses Buch wahrscheinlich deshalb gekauft haben. Jetzt, wo Sie Ihre neue Rolle angetreten haben, haben Sie vielleicht das Gefühl, dass das alles noch schwieriger wird, als Sie zunächst dachten. Seien Sie sich bitte bewusst, dass es allen so geht – es ist Teil der Herausforderung, die der Übergang in eine neue Rolle mit sich bringt. Es ist zwar wichtig, sich einzugestehen, dass der Rollenwechsel eine Herausforderung sein wird, aber es ist auch sehr wichtig, alles im Blick zu behalten.

Treten Sie zurück, um sich einen Überblick zu verschaffen. Machen Sie eine Pause von dem, was Sie gerade tun. Wenn Sie sich besonders ängstlich fühlen, müssen Sie sich vielleicht sogar ab und zu hinlegen! Besinnen Sie sich auf Ihre Ziele und Ihre Leidenschaft, um die Turbulenzen der Anfangsphase zu überstehen. Wenn Sie sich an das „größere Warum" erinnern können – warum Sie dies tun –, dann werden die kleineren Details und Unannehmlichkeiten besser in den Kontext Ihrer höheren Ziele und Leistungen gestellt.

Sich auf positive Gefühle zu konzentrieren, hat einen starken Einfluss auf die Reduzierung unseres Stressniveaus. Anstatt sich Sorgen zu machen, was schief gehen könnte, nehmen Sie einen Tag nach dem anderen und vertrauen Sie darauf, dass sich alles zum Guten wenden wird. Kultivieren Sie angesichts von Herausforderungen Ihre eigenen nützlichen Selbstberuhigungsmantras. „Alles wird gut", „Keine Mühe ist vergebens", „Eine Reise von tausend Meilen beginnt mit einem einzigen Schritt" oder „Rom wurde nicht an einem Tag erbaut".

VERSCHWENDEN SIE KEINE ENERGIE AUF EIN NEGATIVES „WAS-WÄRE-WENN“

Es ist wahr, dass manche Führungskräfte in der Anfangsphase in einen Zustand der Panik und Angst verfallen und sich nur schwer konzentrieren können. Wenn Sie das Gefühl haben, in Panik zu geraten, gibt es eine interessante visuelle Technik, die Sie anwenden können. Stellen Sie sich ein Feuer vor und stellen Sie sich vor, dass Sie jedes Mal, wenn Ihnen eine auf der Angst vor dem „Was-wäre-wenn“ basierende Sorge in den Sinn kommt („Was ist, wenn ich versage?“, „Was ist, wenn ich nicht liefern kann?“, „Was ist, wenn die Leute mich nicht wertschätzen?“), diese Sorge aus Ihrem Kopf reißen und ins Feuer werfen. Tun Sie so, als würden Sie sie aus Ihrem Kopf herausnehmen und verbrennen.

Diese Was-wäre-wenn-Fragen sind nur negative, imaginäre Probleme in Bezug auf ein Ereignis, das noch nicht eingetreten ist, und sie nützen Ihnen nichts. Bleiben Sie im Hier und Jetzt, konzentrieren Sie Ihren Geist und Ihre Energie auf positive Ergebnisse und verschwenden Sie keine Zeit und Energie auf das Negative.

Wenn Sie zu irgendeinem Zeitpunkt während des Übergangs das Gefühl haben, die Kontrolle zu verlieren, nehmen Sie die Situation in die Hand. Setzen Sie klare Grenzen. Haben Sie den Mut, sich schwierigen Gesprächen zu stellen. Denken Sie daran, dass Sie selbst dann, wenn externe Ereignisse die Tagesordnung bestimmen, immer die letzte Kontrolle haben, weil Sie selbst bestimmen können, wie Sie auf die Ereignisse reagieren. Bitten Sie um Hilfe und freuen Sie sich über jedes Hilfsangebot. Seien Sie immer bereit, Risiken einzugehen. Lassen Sie sich niemals von der Angst lähmen. Stehen Sie zu Ihren Entscheidungen und Abwägungen. Wer weiß schon, was die richtige Antwort ist. Machen Sie den ersten Schritt, um zu beginnen, und geben Sie Ihr Bestes.

5 Executive Q&A: Beratung zu Fragen und Szenarien beim Start

Executive Coaching Q&A

Q: Ich komme am ersten Tag an und meine Vorgängerin sitzt an meinem Schreibtisch. Schlimmer noch, sie hat mir gesagt, dass sie für eine sechsmonatige Übergabe bleiben will, um mir zu helfen. Was soll ich tun?

A: *Es scheint so zu sein, dass diese Situation umso wahrscheinlicher ist, je höher die Position ist. Ich erlebe diesen Unsinn mit den Vorgängern und Vorgängerinnen immer wieder. Dies geschieht in der Regel, wenn es für sie keine neue Rolle gibt, die sie übernehmen können, weil sie kurz vor dem Ausscheiden aus dem Unternehmen stehen oder sich nicht mehr auf dem Weg nach oben befinden und das Unternehmen keine andere Rolle als nächste Option vorgesehen hat. Da die Person nicht weiß, wohin sie gehen soll, bietet sie den Neuen oft an, ihnen bei der Eingewöhnung zu helfen. Oberflächlich betrachtet, scheint das eine gute Idee zu sein, doch für Sie ist das keine gute Ausgangsposition. Selbst drei Monate sind zu lang für eine Führungsübergabe und untergraben Ihre Fähigkeit, schnelle Veränderungen herbeizuführen. Ihre Vorgängerin wird sich höchstwahrscheinlich defensiv verhalten und Kritik oder Änderungsvorschlägen, die Sie machen wollen, ablehnend gegenüberstehen. Eine verärgerte Vorgängerin könnte aktiv gegen Sie arbeiten, indem sie Widerstandskoalitionen unter ihrer loyalen Anhängerschaft in Ihrem Team bildet.*

Alles in allem ist es in Ihrem besten Interesse, das Heft in die Hand zu nehmen und mit Ihren Vorgesetzten und der Personalabteilung zusammenzuarbeiten, um die Sache in Ordnung zu bringen. Es kann immer nur eine Führungskraft geben, also müssen Sie durchsetzungsfähig sein. Setzen Sie sich dafür ein, ein klares Enddatum für die Vorgängerin auszuhandeln (idealerweise nicht länger als zwei Wochen).

Q: Als ich ankam, holte mich der Mann, der mich eingestellt hatte und der mein Chef sein sollte, in sein Büro und sagte mir, dass er gekündigt habe und am Ende der Woche gehen werde. Er war derjenige, der mich überredet hat, hier einzusteigen, und jetzt geht er. Ich bin ein wenig schockiert und verwirrt. Es ist eine unerwartete Situation. Wie soll ich damit umgehen?

A: *Eigentlich ist das gar nicht so ungewöhnlich, vor allem, wenn zwischen Ihrer Einstellung und Ihrem Starttermin einige Monate liegen. Erwarten Sie das Unerwartete, wenn Sie das Unternehmen wechseln, und verbuchen Sie es als Erfahrung. Vielleicht wusste er bereits, dass er das Unternehmen verlassen würde, und wollte als eine seiner letzten Amtshandlungen jemand Hochkarätiges einstellen, weil er sich schuldig fühlte, alle im Stich gelassen zu haben.*

Versuchen Sie, die Gelegenheit direkt vor Ihnen zu sehen. Ist es möglich, dass Sie seine Rolle übernehmen können? Denken Sie ernsthaft darüber nach. Sie sind neu und er wird Ihr Angebot, die Rolle zu übernehmen, vielleicht begrüßen. Seien Sie selbstbewusst und versuchen Sie es. Ich bin sicher, dass das Unternehmen Sie nicht nur wegen Ihres Potenzials eingestellt hat, sondern auch wegen Ihrer Fähigkeit, die Aufgabe zu erfüllen, für die Sie eingestellt wurden. Glauben Sie, dass Sie die Aufgabe erfüllen können? Oder könnten Sie anbieten, die Stelle übergangsweise zu übernehmen, weil Sie wissen, dass man Ihnen die Stelle vielleicht längerfristig anbietet, wenn Sie gute Arbeit leisten? Wenn das für Sie völlig unrealistisch ist, dann versuchen Sie einfach, mit gutem Teamplay Teil der Lösung zu sein. Bieten Sie an, zu helfen, wo Sie können. Und natürlich müssen Sie einen neuen Sponsor/Mentor bzw. eine neue Sponsorin/Mentorin finden, bis die Nachfolge Ihres Chefs auftaucht. Haben Sie die Vorgesetzten Ihres einstellenden Managers während Ihres Einstellungsverfahrens kennengelernt? Treffen Sie sie jetzt, besprechen Sie die Situation und bitten Sie sie um die Zusicherung, dass sie sich für Sie einsetzen. Seien Sie kein Opfer. Seien Sie Teil der Lösung.

Q: Ich habe gehört, dass der beste Mitarbeiter in meinem Team meinen Job haben wollte. Er ist mit der Entscheidung, ihn mir zu geben, nicht einverstanden. Ich mache mir Sorgen, dass sich dies auf seine Leistung auswirkt und dass er auch das Team negativ gegen mich beeinflussen könnte. Wie gehe ich mit ihrer Verärgerung um?

A: *Seien Sie zunächst einfühlsam und geben Sie ihnen eine Chance, sich von ihrer verständlichen Enttäuschung zu erholen. Vielleicht war es ungerecht, dass ein interner Kandidat im Team übersehen und nicht richtig für die Rolle in Betracht gezogen wurde. Es kommt häufig vor, dass eine Person von ihrer Organisation als gut in der Umsetzung angesehen wird, aber nicht als strategisch genug für eine Führungsrolle – und es wird nicht in die Ausbildung von mehr strategischer Kompetenz und Führungsqualitäten investiert. Versuchen Sie in Ihrem ersten persönlichen Gespräch, das Problem offen anzusprechen, und bieten Sie Ihre Unterstützung an, um den Mitarbeitenden zu helfen, ihre tatsächlichen oder vermeintlichen Defizite bei den Führungsqualitäten auszugleichen. Vielleicht können Sie für diese Person in Ihrem Team eine besondere Rolle als „Erster unter Gleichen" vereinbaren oder ihr eine besondere Projektinitiative als Gelegenheit zur Entwicklung von Führungsqualitäten anbieten, die ihr mehr Kontakt zu hochrangigen Interessengruppen verschafft.*

Indem Sie einfühlsam und unterstützend sind, werden Sie dieser Person sehr gute Führungsqualitäten vorleben, was sie nur davon überzeugen kann, dass es gut wäre, bei Ihnen zu bleiben.

6 Kritische Erfolgsfaktoren für die nächsten 30 Tage: Tag 1–30

Nachdem ich mit vielen Führungskräften während ihrer ersten 100 Tage zusammengearbeitet habe, habe ich eine Vorstellung davon entwickelt, was die kritischen Erfolgsfaktoren für den persönlichen Erfolg in den ersten 30 Tagen sind. Jetzt ist es an der Zeit, sie mit Ihnen zu teilen:

- Lernen Sie schnell.
- Legen Sie eine klare Vision vor.
- Haben Sie keine Angst (seien Sie selbstbewusst).
- Seien Sie geduldig mit sich und anderen.
- Haben Sie keine Angst vor Ihren Fehlern.
- Nutzen Sie Ihre Neuheit, um neue Chancen zu erkennen.
- Es geht um Menschen und wie sie miteinander umgehen.
- Finden Sie Ihre Peer-Community – und bauen Sie Ihr Unterstützungssystem auf.

LERNEN SIE SCHNELL

Die Branche, der Markt und die Organisation werden sich wie gewohnt weiterentwickeln und es gibt keine Pausentaste, die Sie drücken können, während Sie sich im ersten Monat auf den neuesten Stand bringen. Sie müssen also sehr engagiert sein und in der Lage, so schnell wie möglich zu lernen. Aus diesem Grund habe ich bereits vorgeschlagen, dass Sie mit Ihren Angehörigen zusätzlichen Spielraum und Zeit aushandeln, damit Sie sich in den ersten 30 Tagen voll und ganz darauf konzentrieren können, inhaltliche Lücken zu schließen und sich so schnell wie möglich einzuarbeiten. Nehmen Sie eine Lernhaltung ein. Seien Sie offen, seien Sie bescheiden, seien Sie neugierig und stellen Sie Fragen.

LEGEN SIE EINE KLARE VISION VOR

Im Anschluss an das, was ich über das Führen im Gegensatz zum Managen gesagt habe, muss die Führungskraft in den ersten 100 Tagen eine klare

Vision vorlegen. Selbst wenn der Vorgänger oder die Vorgängerin bereits eine Vision festgelegt hat, frage ich meine Kunden und Kundinnen immer, welchen Sinn es hat, dass Sie den Job übernehmen, wenn Sie die Vision nicht ergänzen, ausbauen, auffrischen oder neu erfinden können. Was ist also *Ihre* Vision? Anders ausgedrückt: Wenn Sie die Stelle verlassen, was sollen die Leute von Ihnen sagen, was Sie hinterlassen haben? Das ist eine andere Art, mit dem Ende zu beginnen – denken Sie darüber nach, wie Sie Ihre Rolle verlassen und was Sie hinterlassen möchten. Dann können Sie Ihre Vision entwerfen.

HABEN SIE KEINE ANGST (SEIEN SIE SELBSTBEWUSST)

Ich habe festgestellt, dass alle – unabhängig von Position oder Erfahrung – in den ersten 30 Tagen einen Vertrauensschwund erleiden. Das ist ganz natürlich und ich kann dieses Gefühl bei meinen Klienten und Klientinnen durchaus nachvollziehen. Schließlich haben sie diese Rolle noch nie zuvor ausgeübt, also sind sie natürlich nervös. Selbstvertrauen ist sehr wichtig, denn Sie müssen in der Lage sein, gute Entscheidungen zu treffen und in der „Überwältigung" der ersten 100 Tage nicht in Panik zu geraten. Angst ist der große Feind des Selbstvertrauens. Angst lähmt die Leistung. Aber denken Sie bitte daran, dass Angst nur eine Vorstellung von etwas ist, das noch nicht eingetreten ist. Unsere Gedanken schaffen die Realität, also streichen Sie alle Angstgedanken aus Ihrem Kopf und ersetzen Sie sie durch zuversichtliche Gedanken. Stellen Sie sich lieber ein positives Ergebnis vor als ein negatives.

SEIEN SIE GEDULDIG MIT SICH UND ANDEREN

Eine Führungskraft in einer neuen Rolle ist angesichts ihrer neuen Autorität und ihres Mandats psychisch darauf vorbereitet, so schnell wie möglich etwas zu leisten und zu verändern. Leider scheint der Widerstand gegen Veränderungen selbst bei den besten Menschen und Organisationen zum Status quo zu gehören. Seien Sie realistisch, dass Ihr Team und die Menschen um Sie herum, während Sie sich im Veränderungsmodus befinden, möglicherweise unter Veränderungsmüdigkeit leiden und Ihren Ideen gegenüber resistent sind. Akzeptieren Sie, dass Widerstand gegen Veränderungen die wahrscheinlichste zu erwartende Situation ist, und entwickeln Sie Strategien zur Überwindung dieser Widerstände. Versuchen Sie, sich nicht von dem langsamen Tempo anderer frustrieren zu lassen. Akzeptieren Sie, dass es menschlich ist, sich gegen Veränderungen zu sträuben, und tun Sie gleichzeitig, was Sie können, um dies zu überwinden. Seien Sie geduldig und machen Sie weiter Fortschritte.

HABEN SIE KEINE ANGST VOR IHREN FEHLERN

Wir alle machen Fehler. Das wird sich nie ändern. Denken Sie also neu über sie nach. Betrachten Sie Fehler als eine reiche Quelle des Lernens, die zur Summe Ihrer gesamten Erfahrung und Weisheit beiträgt. Das Wichtigste an Fehlern ist, wie Sie mit ihnen umgehen – sehr oft kann ein Fehler eine Gelegenheit sein, eine tiefere Beziehung zu anderen aufzubauen, während Sie gemeinsam nach Lösungen suchen. In der Anfangsphase sind die Menschen vielleicht sehr nachsichtig mit frühen Fehlern. In jedem Fall müssen Sie mutig und ohne perfekte Informationen voranschreiten, so dass es unvermeidlich ist, dass Fehler gemacht werden – akzeptieren Sie sie also einfach, lassen Sie sich eine dickere Haut wachsen und machen Sie sich keine Gedanken darüber.

NUTZEN SIE IHRE NEUHEIT, UM NEUE CHANCEN ZU ERKENNEN

Eine Möglichkeit, Ihren Vorgesetzten und Ihrem Unternehmen einen frühen Nutzen zu bringen, besteht darin, dass Sie Ihre Neuheit nutzen, um neue Chancen zu erkennen. Achten Sie darauf, was Ihnen bei Ihrer Ankunft auffällt – was Sie an der Unternehmensstrategie, den Möglichkeiten zur Umsatzsteigerung oder Kostensenkung, der Kultur, den Prozessen, den Werten und Verhaltensweisen als gut oder weniger gut empfinden. Dies könnte ein sehr wertvoller Einblick in Veränderungen sein, die Sie in Ihrer Funktion oder als Führungskraft des Unternehmens vornehmen können. Die ersten 100 Tage sind eine einmalige Gelegenheit, um fehlerhafte Prozesse, Probleme in der Kultur, Wertlücken und Möglichkeiten zur Umsatzsteigerung zu bemerken, die Erlaubnis zu erhalten, auf diese hinzuweisen und natürlich Ideen aus Ihrem früheren Unternehmen oder Ihrer Abteilung weiterzugeben.

Seien Sie vorsichtig, wie Sie dies tun, denn Sie wollen nicht übermäßig negativ erscheinen. Seien Sie eher konstruktiv als kritisch. Sie haben die Chance, eine größere Wirkung zu erzielen, wenn Sie Ihre Beobachtungen in einem Bericht niederschreiben, anstatt verbale Kritik zu äußern, die unfairerweise als negative Angriffe des oder der Neuen aufgefasst werden könnten. Wenn Sie Ihre wichtigsten Beobachtungen aufschreiben und sie Ihren Vorgesetzten mit Bedacht mitteilen, können Sie die Diskussion darüber, was geändert werden kann und was nicht, konstruktiver führen.

Was Sie bei der Ankunft bemerken

GUTE ÜBERRASCHUNGEN	SCHLECHTE ÜBERRASCHUNGEN

Achten Sie darauf, dass Sie nicht das Offensichtliche so darstellen, als wäre es Ihre einzigartige Erkenntnis. Es ist sehr wahrscheinlich, dass einiges von dem, was Sie bemerken, bereits bekannt ist. Wenn Sie versuchen, zu clever zu sein, wird das nach hinten losgehen, wenn alle bereits wissen, was Sie bemerken. Manche Dinge in Organisationen bleiben immer kaputt, aber vielleicht gibt es dafür einen guten Grund – es ist zu schwierig oder zu teuer, sie zu reparieren. Bringen Sie auch Ideen und Vorschläge vor. Andernfalls könnten sich die Leute einfach über Ihre Kommentare als „nervige Neue“ ärgern.

ES GEHT UM MENSCHEN UND WIE SIE MITEINANDER UMGEHEN

Wir betonen zwar, wie wichtig es ist, einen Plan für die ersten 100 Tage zu haben, aber wir unterschätzen auch nicht die Bedeutung Ihrer emotionalen Intelligenz (EQ), wenn es darum geht, den Plan mit Ihrem Team und anderen zum Leben zu erwecken. EQ steht für emotionale Intelligenz: Selbstwahrnehmung, Selbstregulierung, Selbstmotivation, Empathie und soziale Kompetenz.

Ihr EQ wird genauso wichtig sein wie Ihr IQ (Intelligenzquotient / eigentlicher Intellekt). Emotionale Intelligenz wird ein sehr wichtiger Aspekt des „Wie" Ihres Plans für die ersten 100 Tage sein. Sie werden herausfinden müssen, wie Sie Ihr Team motivieren und dazu bringen können, den Plan zu erfüllen. Dazu müssen Sie sich darüber im Klaren sein, wie Sie mit Ihrer Botschaft ankommen und wie das Team auf Ihren Ansatz und Ihre Pläne reagiert.

Die analytische Denkweise der Führungskraft – und der bloße Akt der Erstellung eines Plans – könnte die wenig hilfreiche Illusion erzeugen, dass eine Organisation und ein Team kontrolliert und verwaltet werden können wie eine Reihe von Systemen, Prozessen und Organigrammen. Pläne für die ersten 100 Tage, die zwar notwendig sind, um in den ersten 100 Tagen die Kontrolle zu erlangen, tragen zu dieser Illusion bei – aber in Wirklichkeit sind Organisationen höchst interpersonelle Orte. Letztendlich geht es um Menschen und darum, wie sie miteinander umgehen.

FINDEN SIE IHRE PEER-COMMUNITY – UND BAUEN SIE IHR UNTERSTÜTZUNGSSYSTEM AUF

Suchen Sie nach Menschen, die in den letzten 12 Monaten auf der gleichen Ebene wie Sie in das Unternehmen eingetreten sind. Sie können eine einzigartige Quelle der kontinuierlichen Unterstützung und Hilfe für Sie sein, weil sie verstehen, was Sie durchmachen. Hören Sie sich ihre Erfahrungen, Ratschläge und besten Tipps für den Übergang an. Nutzen Sie die Gelegenheit, Ihren Kollegen und Kolleginnen alle dummen Fragen zu stellen, die Sie sonst niemandem zu stellen wagen. Falls noch nicht geschehen, könnten Sie sogar noch einen Schritt weiter gehen und Ihren Vorgesetzten oder der Personalabteilung vorschlagen, dass der/die CEO Ihres Unternehmens ein jährliches Abendessen für alle neuen Führungskräfte veranstaltet, die innerhalb der letzten 12 Monate eingetreten sind, um so soziale Kontakte zu knüpfen und den/die CEO kennenzulernen.

Ziehen Sie andere Möglichkeiten in Betracht, Mentoren und Mentorinnen zu finden und Ihr Unterstützungssystem auszubauen. Vielleicht gibt es in Ihrem Unternehmen ein „Buddy"-System, bei dem Sie mit einer Person zusammengebracht werden, die schon lange im Unternehmen arbeitet, Ihnen Einblicke in die Unternehmenskultur geben kann und weiß, wie Sie sich dort am besten zurechtfinden. Wenn dies nicht der Fall ist, können Sie Ihre Vorgesetzten oder die Personalabteilung um eine eigene Version eines Mentoring- oder Buddy-Programms bitten – oder Sie suchen sich einfach eine Person, die Sie als Mentor oder Mentorin bevorzugen, und fragen diese direkt, ob sie in den ersten 100 Tagen zu einem monatlichen Gespräch oder Treffen bereit wäre.

First100™-Fallstudie

Coaching-Notizen für die Sitzung zum Start

Bislang waren alle Führungs- oder Managementtrainings, die Ashley erhalten hatte, kompetenzbasiert gewesen. Die Einführung der Coachin, der zufolge der emotionale Intellekt (EQ) genauso wichtig ist wie der tatsächliche Intellekt (IQ), war neu für ihn. Während dieser Coaching-Sitzung klärte ihn seine Coachin darüber auf, wie er seine Emotionen besser regulieren konnte, insbesondere in den ersten Tagen seiner neuen Rolle.

„Beherrschen Sie Ihre Gefühle."

Sich der eigenen Emotionen bewusst zu sein, ist sehr wichtig, da die Emotionen der Führungskraft eine virale Wirkung auf den Rest des Teams haben. Es wurde viel über den EQ von Führungskräften geschrieben und darüber, dass er sogar noch wichtiger sein kann als der IQ.

▶

Sie müssen sich viel bewusster machen, wie sehr alle zu Ihnen als Führungspersönlichkeit aufschauen. Als Führungskraft geben Sie den Ton an für alle, die Ihnen folgen. Alle orientieren sich bewusst oder unbewusst an Ihnen, denn Sie sind der Chef. Wenn Sie schlechte Laune haben, können buchstäblich alle im Team und die Mitglieder von deren Teams Ihre Stimmung aufgreifen und einen schlechten Tag haben.

Ihre Emotionen können durch Interaktionen mit Ihrem Managementteam, bei Telefonaten, in Besprechungen, bei persönlichen Treffen und so weiter auf das Unternehmen übergreifen. Es ist also sehr wichtig, dass Sie einen stabilen Zustand ruhiger Emotionen aufrechterhalten, denn nur wenn wir ruhig und geerdet sind, können wir wirklich unser Bestes geben. Wenn wir ruhig sind, sind wir konzentrierter und klarer im Kopf. Wir treffen bessere Entscheidungen und lassen uns nicht ablenken.

Dies knüpft an die bereits erwähnten Punkte an. Akzeptieren Sie überwältigende Gefühle und gehen Sie mit ihnen um, indem Sie Taktiken einführen, um den Druck zu mindern. Steigern Sie auch Ihr Selbstbewusstsein und Ihre Fähigkeit, Ihre eigenen Emotionen zu regulieren, und versuchen Sie stets, einen ruhigen, stabilen Zustand aufrechtzuerhalten, damit Sie unter Druck die Fassung bewahren und andere Ihrem Beispiel folgen können. Je ruhiger Sie sind, desto produktiver werden Sie sein.

Konzentrieren Sie sich jeweils nur auf eine Sache. Wenn Sie diese Aufgabe erledigt haben, lassen Sie sie los. Machen Sie eine Pause. Konzentrieren Sie sich dann auf die nächste Aufgabe. Haben Sie zum Beispiel bei Ihren Einstellungsfragen alle Einstellungslücken aufgelistet, haben Sie einen Plan, wie jede einzelne besetzt werden kann, und gibt es noch etwas, was Sie tun können, um die Besetzung der einzelnen Stellen zu beschleunigen? Wenn ja, dann tun Sie es. Wenn nicht, dann war es das. Wenn Sie im Moment nichts weiter für die

▶

Personalbeschaffung tun können, dann überlassen Sie diese Aufgabe Ihren Rekrutierungsspezialisten und -spezialistinnen und gehen Sie zu einer anderen wichtigen Priorität in Ihrem Plan für die ersten 100 Tage über. Sorgen Sie dafür, dass Ihre Personalverantwortlichen Sie jede Woche auf den neuesten Stand bringen – und fragen Sie sich zu diesem Zeitpunkt erneut, ob Sie etwas tun können, um die Personalbeschaffung zu beschleunigen. Wenn ja, tun Sie es. Wenn nicht, machen Sie weiter.

Was ich damit sagen will, ist, dass es einen unbewussten Strom von Aktivitäten in Ihrem Tag gibt, bei dem sich alles mit allem anderen zu vermischen scheint. Versuchen Sie, die Aufgaben zu trennen, konzentrieren Sie sich auf eine nach der anderen und gehen Sie, wenn Sie fertig sind, zur nächsten vorrangigen Aufgabe über.

Zuvor hatte Ashley nie viel Wert darauf gelegt, seine Gedanken und Gefühle zu beobachten. Ihm war nie bewusst, welche Auswirkungen seine Stimmungen und Emotionen auf ihn selbst und auf die Menschen um ihn herum hatten. Er erkannte, dass er sich mit dem Konzept der emotionalen Intelligenz und der Beherrschung seiner Emotionen vertraut machen musste, wenn er als Führungskraft weiter wachsen und das Beste aus seinem Team herausholen wollte.

Zweiter Teil

Mitte

In der mittleren Phase geht es darum, den Kurs zu halten, widerstandsfähig zu sein, Hindernisse zu überwinden und sich durchzusetzen. Die mittlere Phase einer Sache ist oft die Zeit, in der die wirklich harte Arbeit anfällt. Nach 30 Tagen vergeht die Neuheit Ihrer Ankunft, aber Sie sind noch nicht lange genug dabei, um Ergebnisse vorweisen zu können. Sie stecken also wirklich in der Mitte fest.

„Die wirklich harte Arbeit beginnt jetzt."

Alle haben innerhalb von 100 Tagen Erwartungen an Sie, aber Ihr erster Monat kann wie im Flug vergehen, ohne dass jemand viel von Ihnen erwartet. Gleichzeitig rückt der Tag des Urteils näher. Sie haben ein Drittel Ihrer ersten 100 Tage hinter sich, also müssen Sie Bilanz ziehen und überprüfen, ob Sie Fortschritte machen und ob Sie auf dem richtigen Weg sind, um die gewünschten Ergebnisse der ersten 100 Tage zu erreichen.

In der mittleren Phase Ihrer ersten 100 Tage müssen Sie härter arbeiten, über sich hinauswachsen und andere für sich arbeiten lassen. Die Mitte ist oft mit einer Zeit verbunden, in der Sie das Gefühl haben, dass Sie mehr abgebissen haben, als Sie kauen können. Aber seien Sie gewiss: Wenn Sie durchhalten, erwartet Sie der Ruhm. In den ersten 30 Tagen werden Sie die meiste Zeit damit verbringen, Ihre Vorgesetzten, Ihre Interessengruppen und Ihr Team zu treffen und sich einzuarbeiten. Aber in der mittleren Phase weicht dieses frühe Verzeihen dem zunehmenden Wunsch Ihrer Stakeholder und Stakeholderinnen, echte Maßnahmen zu sehen und erste Ergebnisse zu erzielen.

In den folgenden Kapiteln skizziere ich einen Ansatz und die wichtigsten Schritte, die Sie tun können, um die zentrale mittlere Phase zu bewältigen.

4

@ Nach 30 Tagen

- Ihre Checkliste nach 30 Tagen
- Bauen Sie ein leistungsfähiges Team auf
- Achten Sie auf Kultur, Macht und Politik
- Executive Q&A: Beratung zu typischen Fragen und Szenarien nach 30 Tagen
- Kritische Erfolgsfaktoren für die nächsten 30 Tage: Tag 30–60

1 Ihre Checkliste nach 30 Tagen

Überprüfung der Fortschritte gegenüber dem Plan

1 Überprüfen Sie Ihre gewünschten Ergebnisse für die ersten 100 Tage.

2 Sind Sie auf dem richtigen Weg, die gewünschten Ergebnisse zu erzielen?

3 Sind Sie nach 30 Tagen da, wo Sie sein wollten?

4 Ziehen Sie nach 30 Tagen Bilanz darüber, was mit Ihrem Plan gut oder nicht gut funktioniert:
   - Was können Sie noch tun, um Ihre Leistung gegenüber dem Plan zu verbessern?
   - Brainstormen Sie Lösungen für alle Blockaden und Herausforderungen.
   - Denken Sie an die Möglichkeiten zur Leistungssteigerung.
   - Welche Personen können Ihnen bei dieser Aufgabe helfen und als Sounding-Board oder als Coachende fungieren?

Das Wichtigste, was Sie jetzt tun sollten, ist innezuhalten, Bilanz zu ziehen und zu prüfen, wo Sie nach 30 Tagen Ihres Plans für die ersten 100 Tage stehen wollen. Wir alle wissen, dass Sie viel zu tun hatten, aber haben Sie auch die richtigen Dinge getan?

Seit Ihrer Ankunft sind zweifellos einige unvorhergesehene Faktoren eingetreten und die Situation ist schlechter, anders oder besser als geplant. Bleiben Sie auf Ihren Plan konzentriert. Das Abweichen von den strategischen Prioritäten ist es, was Führungskräfte davon abhält, in den ersten 100 Tagen maximale Wirkung zu erzielen. Diese 30-Tage-Marke ist ein wichtiger Meilenstein, um eine Bestandsaufnahme der Fortschritte zu machen und zu prüfen, ob Sie in die Falle der Detailarbeit, der „Brandbekämpfung" oder anderer Ablenkungen getappt sind.

„Sind Sie auf gute oder schlechte Weise fleißig?"

Ihr Plan für die ersten 100 Tage sollte alles zusammenfassen, was Sie Tagtäglich tun. Es ist ein großes Warnsignal, wenn sich Ihr Plan wie ein separates Projekt neben Ihrer täglichen Arbeit anfühlt. Wenn ich höre, dass Klienten und Klientinnen sagen, sie hätten keine Zeit, an ihrem Erste-100-Tage-Plan zu arbeiten, wird mir klar, dass sie das ganze Konzept und die Übung völlig falsch verstanden haben. Alles, was Sie tun, sollte dazu dienen, die gewünschten Ergebnisse Ihres Plans zu erreichen.

Wenn Sie Zeit für Aufgaben aufwenden, die nicht Ihrem strategischen Plan für die ersten 100 Tage dienen, dann prüfen Sie, warum diese Abweichung auftritt, und bringen Sie sich wieder auf den richtigen Weg. Vielleicht haben Sie sich auf die unmittelbar anstehenden Aufgaben gestürzt und Brände gelöscht, ohne sich die Gelegenheit zu verschaffen, aus den Details herauszukommen und das große Ganze zu sehen. Jetzt ist ein guter Zeitpunkt, um innezuhalten, den strategischen Fortschritt zu überprüfen und wieder auf Kurs zu kommen. Gibt es Lösungen, die dazu führen, dass es in Zukunft keine Brände mehr gibt?

Nehmen Sie Ihren Plan für die ersten 100 Tage heraus und nehmen Sie sich mindestens zwei Stunden Zeit für eine ernsthafte Überprüfung. Vielleicht ist es sinnvoll, eine vertrauenswürdige dritte Person, etwa einen Coach bzw. eine Coachin oder ein Teammitglied, zur Beratung oder als Sounding-Board hinzuzuziehen, während Sie die Überprüfung durchführen:

- Konzentrieren Sie sich noch auf Ihre wichtigsten gewünschten Ergebnisse – Ihre wichtigsten Prioritäten?
- Haben Sie bis zu diesem Zeitpunkt erreicht, was Sie sich vorgenommen haben, um die gewünschten Ergebnisse am Ende der ersten 100 Tage zu erzielen?
- Womit verbringen Sie Ihre Zeit? Wenn Sie Zeit mit Aktivitäten verbringen, die nicht auf dem Plan stehen, dann fragen Sie sich, warum es eine Abweichung gibt. Entweder Sie passen den Plan an, um diese Aktivitäten einzubeziehen, oder Sie hören auf, sie auszuüben.
- Verwenden Sie die folgende 30-Tage-Checkliste, um die letzten 30 Tage Revue passieren zu lassen.

- Wie haben Sie Ihre Zeit und Energie in den ersten 30 Tagen verbracht?
- Sind Sie mit der Überforderung durch so viele neue Menschen zurechtgekommen?
- Wie haben Sie auf erste Fehler, schlechte Nachrichten und frühen Druck reagiert?
- Wie gut haben Sie die Unwägbarkeiten gemeistert und Entgleisungen vermieden?
- Haben Sie ein Gefühl dafür, ob Sie die richtigen Leute in den richtigen Rollen haben?
- Wie gut kommunizieren Sie Ihren Plan für die ersten 100 Tage?
- Wie einig sind Sie sich mit Ihren Vorgesetzten und deren Vorgesetzten?
- Achten Sie auf Ihre Selbstfürsorge. Wie steht es um Ihre Energie?

IHRE CHECKLISTE NACH 30 TAGEN

1 **Wie haben Sie Ihre Zeit und Energie in den ersten 30 Tagen verbracht?**

Sie können nicht alles tun, aber die richtigen Entscheidungen darüber zu treffen, wie Sie Ihre Zeit in den verschiedenen Phasen der ersten 100 Tage verbringen, wird wichtig sein – sowohl in symbolischer als auch in realer Hinsicht. Wie viel Zeit haben Sie zum Beispiel in den letzten 30 Tagen damit verbracht, mit Ihrer Kundschaft zu sprechen und deren Bedürfnisse zu verstehen, anstatt in einem von der realen Welt abgeschotteten Büro zu sitzen? Wie viel Zeit haben Sie mit Ihrem Team verbracht, anstatt ständig zu versuchen, es Ihren Vorgesetzten recht zu machen?

In den ersten 30 Tagen werden andere bemerken, womit Sie Ihre Zeit verbringen, oder – was vielleicht noch wichtiger ist – womit Sie Ihre Zeit zu verbringen scheinen. Sie können diese Einsicht bewusster nutzen, indem Sie bewusst auswählen, wie Sie Ihre Zeit verbringen, so dass dies Ihre Prioritäten der ersten 100 Tage symbolisch unterstreicht und anderen zeigt, dass Sie es vorleben. Das gibt ihnen die Motivation, entsprechend zu handeln. Wenn Sie Zeit und Aufmerksamkeit in einen bestimmten Bereich investieren, wird dies eine greifbare, messbare Dividende abwerfen.

2 **Sind Sie mit der Überforderung durch so viele neue Menschen zurechtgekommen?**

In den ersten 30 Tagen werden Sie eine Menge neuer Leute kennenlernen und mit ihnen zu tun haben – sowohl extern als auch intern. Alle wollen ein Stück von Ihnen und das kann überwältigend sein. Ihre Fähigkeit zu beurteilen, wer wertvoll ist, wer authentisch ist, wer zuverlässig ist und wer liefern kann, wird entscheidend sein, um die Prioritäten und Pläne der ersten 100 Tage zu beschleunigen.

Einige meiner Kunden und Kundinnen haben mir erzählt, dass sie bei ihrer Ankunft in der ersten Woche Hunderte von E-Mails erhalten und keine Ahnung haben, wie sie Prioritäten setzen und wie sie antworten sollen, weil sie noch nicht wissen, wer wichtig ist. Mein Vorschlag ist, es einfach und unkompliziert zu halten – seien Sie nett und freundlich zu allen. Lächeln Sie alle an, schütteln Sie die Hand, wenn es angebracht ist, und antworten Sie auf E-Mails, und sei es nur mit einer kurzen Standardantwort wie: „Vielen Dank, dass Sie sich gemeldet haben. Ich würde mich gerne mit Ihnen treffen, sobald ich meinen Zeitplan festgelegt habe." Eine solche E-Mail ist gut, denn Sie zollen den Absendern und Absenderinnen Respekt, indem Sie antworten und sie nicht ignorieren; sie beginnt mit einem Dankeschön (das ist immer nett) und schließlich verschafft sie Ihnen etwas Zeit, um herauszufinden, ob diese Person für ein Treffen wichtig ist (Sie können Ihre Vorgesetzten oder vertrauenswürdige Teammitglieder fragen). Es ist die Art von E-Mail, die keine Folgen hat, wenn Sie nicht nachfassen, denn sie vermittelt die Botschaft, dass Sie viel zu tun haben.

3 **Wie haben Sie auf erste Fehler, schlechte Nachrichten und frühen Druck reagiert?**

Sie wollen alle beeindrucken, aber da Sie neu in der Rolle sind, ist es unvermeidlich, dass Fehler gemacht werden und Missverständnisse entstehen. Auch Ihre Mitarbeitenden werden Fehler machen.

Ganz gleich, wie erfahren die Führungskraft und das Spitzenteam sind, Irrwege sind unvermeidlich. Akzeptieren Sie also, dass dies unvermeidlich ist und entwickeln Sie eine Methode, wie Sie auf Fehler – von Ihnen oder von anderen – reagieren. Es ist immer am besten, die Verantwortung für Ihre Fehler zu übernehmen, sich zu entschuldigen, wenn möglich Wiedergutmachung zu leisten – und weiterzumachen. Es ist wichtig, wie Sie sich von Fehlern erholen und wie Sie mit sich selbst und anderen während des erhöhten Stresses in den ersten 100 Tagen umgehen. Eine Reihe von Systemen zum „Druckablassen", wie sie im Abschnitt über Energiemanagement in Kapitel 1 beschrieben werden, können entscheidend sein, um die Konzentration zu bewahren und die ersten Fehler zu korrigieren.

4 Wie gut haben Sie die Unwägbarkeiten gemeistert und Entgleisungen vermieden?

Es ist ganz normal, dass ein Plan für die ersten 100 Tage keine Vorkehrungen für unbekannte Faktoren enthält, denn unbekannte Faktoren sind in einem Plan natürlich nur schwer zu berücksichtigen. So können beispielsweise externe Makrofaktoren wie ein wirtschaftlicher Abschwung eine größere Rolle spielen. Und auch kleinere Probleme wie der Rücktritt Ihrer Vorgesetzten oder eines Teammitglieds können eine Rolle spielen, insbesondere bei der Ankunft und in den ersten 30 Tagen.

Natürlich müssen Sie anpassungsfähig sein, aber Sie müssen das richtige Gleichgewicht zwischen anpassungsfähig und zu reaktiv finden. Es ist unwahrscheinlich, dass irgendwelche unbekannten Faktoren so einschneidend sind, dass sie Ihren gesamten Plan für die ersten 100 Tage ändern, es sei denn, Ihr Unternehmen meldet Konkurs an! In neun von zehn Fällen müssen Sie also neue Informationen in Ihren Plan einbauen, anstatt ihn komplett zu überarbeiten. Wenn Ihr Plan für die ersten 100 Tage mit Blick auf das strategische Ziel geschrieben wurde, ist es unwahrscheinlich, dass die gewünschten Ergebnisse geändert werden müssen. Seien Sie jedoch darauf vorbereitet, die zur Erreichung dieser Ergebnisse erforderlichen Maßnahmen anzupassen.

5 **Haben Sie ein Gefühl dafür, ob Sie die richtigen Leute in den richtigen Rollen haben?**
Nachdem Sie Ihren Mitarbeitenden das „Was" erklärt haben, das Sie erreichen wollen, werden sie sich vielleicht mit dem „Wie" schwertun. Es wird sehr wichtig sein, kluge, engagierte und agile Mitarbeitende um sich zu haben. Es kann sein, dass Sie in den ersten 100 Tagen unverhältnismäßig viel Zeit brauchen, um zu erkennen, wer wirklich mit Ihnen im Boot sitzt – und Sie werden dies von Zeit zu Zeit überprüfen müssen. Jetzt, wo Sie einen Monat im Amt sind, ziehen Sie Bilanz und denken Sie über die Menschen nach, die Sie übernommen haben, sowie über ihre Fähigkeiten und ihr Entwicklungspotenzial unter Ihrer Führung. Mehr dazu später in diesem Kapitel, denn der Aufbau eines leistungsstarken Teams ist entscheidend für Ihren Erfolg.

6 **Wie gut kommunizieren Sie Ihren Plan für die ersten 100 Tage?**
Die Art und Weise, wie Sie Ihren Plan kommunizieren, entscheidet darüber, ob Sie andere für die Umsetzung des Plans mobilisieren können oder nicht. Je nach Zielgruppe sollten Sie das Format und die Häufigkeit anpassen. Die Einrichtung und Nutzung der richtigen Kommunikationsarchitektur in ihrer ganzen Breite und Tiefe ist ein entscheidender Bereich für den Erfolg der ersten 100 Tage.

Vielleicht möchten Sie eine Kommunikationsvorlage wie diese einrichten.

WICHTIGSTE INTERESSENGRUPPEN	FORMAT	HÄUFIGKEIT
(Vorgesetzte, Team, Kundschaft)	*(E-Mail, persönlich, andere)*	*(Wöchentlich, vierzehntägig, monatlich)*

Am Ende der 30 Tage muss „Ihr" Plan zu „unserem" Plan werden, soweit es Ihr Team und die Beteiligten betrifft. Es hat keinen Sinn, einen großartigen Plan zu haben, wenn sich niemand sonst dafür interessiert. Es kann der tollste Plan der Welt für die ersten 100 Tage sein, aber wenn niemand davon weiß, kann er genauso gut nicht existieren. Nutzen Sie die neuen digitalen und sozialen Medien, um mit Menschen auf allen Ebenen Ihrer Organisation wegen Ihrer Absichten in Verbindung zu treten – und um ihr Feedback und ihre Ideen einzuholen.

7 **Wie einig sind Sie sich mit Ihren Vorgesetzten und deren Vorgesetzten?**
Die Abstimmung der Pläne und Erwartungen mit Ihren Vorgesetzten ist natürlich sehr wichtig. Möglicherweise haben Sie auch einige indirekte Vorgesetzte, die gerne Einblick in Ihren Plan für die ersten 100 Tage hätten. Stellen Sie sicher, dass Sie sich auch mit den Vorgesetzten Ihrer Vorgesetzten treffen – einfach um zu prüfen, ob sie sich einig sind, und um zu erfahren, welche Diskussionen weiter oben in der Nahrungskette über die strategischen Herausforderungen des Unternehmens geführt werden. Ihr Plan für die ersten 100 Tage ist ein sehr effektives Instrument, um Diskussionen über die Strategie zu eröffnen und sich mit Ihren leitenden Stakeholdern und Stakeholderinnen zu verbinden.

8 **Achten Sie auf Ihre Selbstfürsorge. Wie steht es um Ihre Energie?**
Seien Sie ehrlich zu sich selbst. Waren die ersten 30 Tage härter als erwartet? Manchmal kann schon die Veränderung des täglichen Arbeitsweges anstrengend sein. Und natürlich ist es auch sehr anstrengend, all diese neuen Menschen zu treffen und sich immer von Ihrer besten Seite zu zeigen. Das, was Sie tun müssen, um einen guten ersten Eindruck zu hinterlassen, hat schon eine darstellerische Qualität. Wenn Sie dann noch die Lernkurve in Bezug auf den Inhalt der Rolle und die Unternehmenskultur in den Griff bekommen, können Sie verstehen, warum ich betont habe, wie wichtig es ist, für sich selbst zu sorgen. Es wäre völlig verständlich, wenn Sie sich müde und gestresst fühlen.

Vielleicht sind Sie auch erleichtert, weil sich vor dem Start so viel Erwartung und Angst aufgestaut haben. Es ist eine Erleichterung, die Arbeit endlich angetreten zu haben. Versuchen Sie, sich an den Wochenenden und nach der Arbeit zu entspannen. Brennen Sie nicht frühzeitig aus. Was auch immer Sie fühlen, erkennen Sie es an. Wenn Sie sich mehr um sich selbst kümmern müssen, nehmen Sie sich die Zeit, das zu tun, was Sie tun müssen. Schlafen Sie ausreichend und gut – das ist wahrscheinlich der beste Weg, um Ihr tägliches Energieniveau zu erneuern und aufrechtzuerhalten. Die ersten 100 Tage werden sehr anstrengend sein, daher ist es sehr wichtig, dass Sie Zeit für Spaß und das Feiern von Erfolgen einplanen. Sorgen Sie dafür, dass Sie Spaß an Ihrer Arbeit haben, dass Sie sich mit Ihrer Führungsaufgabe verbunden fühlen und dass Sie sich während der gesamten Erfahrung erfüllt fühlen.

First100™-Fallstudie

Einen Monat nach seinem Amtsantritt stellte Ashley fest, dass das Team in einem noch schlechteren Zustand war, als er es sich vorgestellt hatte. Das versetzte ihn in Panik. Denn wie sollte er bis zum Ende seiner ersten 100 Tage und darüber hinaus etwas erreichen, wenn sein Team nicht auf der Höhe der Zeit war?

„Um erfolgreich zu sein, braucht eine Führungskraft ein leistungsfähiges Team."

Als Ashley nach 30 Tagen seinen Termin mit seiner First100-Coachin buchte, wurde ihm klar, dass er sich so frustriert und unter Druck gesetzt fühlte wie seit seiner Ankunft nicht mehr. Er hatte auf die Ratschläge gehört, wie er erfolgreich in die Rolle einsteigen konnte. Er hatte seine Vorgesetzten und die wichtigsten Interessengruppen von Anfang an mehr als beeindruckt mit einem durchdachten und soliden Plan für die ersten 100 Tage, in dem er alles aufführte, was er in den ersten 100 Tagen erreichen wollte.

Nach einem solchen Start fühlte er sich selbstbewusst und souverän. Doch im Laufe der Wochen wurde Ashley klar, dass alle seine Bemühungen vergeblich sein würden, wenn sein Team nicht reaktionsschnell und zu 100 Prozent leistungsfähig wäre. Seine anfängliche Hypothese, dass es einfach nur darum ginge, sein ▶

Team zu befähigen, erwies sich als naiv. In Wirklichkeit waren sie immer noch zu abhängig und es fehlte ihnen an Initiative. Sie stimmten Ashley in allen Punkten zu, dass sie proaktiver sein müssten, aber in Wirklichkeit nahmen sie keine Verhaltensänderungen vor, um ihr Kopfnicken zu untermauern. Ashley hatte auch das Gefühl, dass er zu viele direkte Untergebene hatte (12) und dass vielleicht nur vier oder sechs von ihnen den Anforderungen gewachsen waren. Ashley begann sich zu fragen, ob er nicht eine ganz neue Managementebene zwischen sich und dem von ihm übernommenen Team brauchte, wenn er sich in dieser Rolle wirklich durchsetzen wollte. Vielleicht hatte seine Coachin ja ein paar Antworten.

Die Coachin sagte, dass eine neu ernannte Führungskraft sehr oft bei dem Punkt schwanke, das Team zu „reparieren", was das Problem nur in die Länge ziehe und die Probleme in der Zwischenzeit vergrößere. Immer wieder höre sie sich an, wie Führungskräfte erklärten, dass sie mit ihrem Team unzufrieden seien, aber sobald sie vorschlage, etwas dagegen zu unternehmen, gebe es immer die üblichen Ausreden, dass es zu früh sei oder dass es nicht gut aussehen würde oder dass man den Leuten eine Chance geben müsse usw. Und sehr oft würden sich die Führungskräfte am Ende der ersten 100 Tage immer noch über ihr Team beschweren – und täten immer noch nichts Konstruktives dagegen.

Sie drängte Ashley, das Problem frontal anzugehen, so schnell wie möglich Änderungen im Team vorzunehmen und neue Einstellungspläne zu beschleunigen, um frische Talente an Bord zu holen – entweder von anderen Stellen im Unternehmen oder von externen Mitarbeitenden. Sie gab Ashley das nötige Selbstvertrauen, indem sie ihm ihre Erfahrungen schilderte und ihn zwang, sich mit der Frage auseinanderzusetzen, wie eine Führungskraft ohne ein richtiges Team etwas erreichen kann.

▶

„Schauen Sie sich zunächst an, wie das Team strukturiert ist, und geben Sie sich selbst die Macht, es zu verändern. Fügen Sie nicht unbedingt neue Ebenen hinzu, denn das könnte zu viel mittleres Management bedeuten. Treten Sie vom Team selbst zurück und überlegen Sie, was Sie in drei Jahren in dieser Funktion erreichen wollen. Konzentrieren Sie sich auf Ihre Dreijahresvision und überlegen Sie, welche Aufgaben Sie von Ihren Mitarbeitenden erwarten. Denken Sie nicht an bestehende Rollen oder Rollentitel, sondern daran, dass die Dinge so sein müssen, wie sie sind. Machen Sie sich stattdessen frei und denken Sie darüber nach, wie Sie neue Rollen und Verantwortlichkeiten schaffen können, die mit Ihrer Dreijahresvision und den gewünschten Ergebnissen der ersten 12 Monate sowie den Fähigkeiten und der Motivation der Mitarbeitenden in Ihrem Team übereinstimmen."

2 Bauen Sie ein leistungsfähiges Team auf

In den ersten 30 Tagen lag das Hauptaugenmerk auf Ihnen, aber eine Führungspersönlichkeit kann nichts erreichen, ohne ein starkes, leistungsfähiges Team aufzubauen. Ehrlich gesagt dürfen Sie nicht unterschätzen, wie wichtig es ist, dies richtig zu machen. Einer der großen Vorteile einer neu ernannten Führungskraft ist, dass Sie ein Zeitfenster haben, in dem Sie automatisch die Erlaubnis haben, den Status quo in Frage zu stellen und Veränderungen vorzuschlagen.

Es wird erwartet, dass Sie Änderungen im Team vornehmen wollen. Alle wissen das, aber das Team wird Ihnen Signale des Widerstands senden. Menschen sind von Natur aus resistent gegen Veränderungen. Aber je länger Sie in der Rolle sind, ohne Änderungen am Team vorzunehmen, desto schwieriger wird es, später zu rechtfertigen, warum Sie monatelang mit dem Team zufrieden waren und dann plötzlich Änderungen vornehmen wollen. Nutzen Sie also jetzt die Gelegenheit, um Ihre radikalsten

Änderungen vorzunehmen, und zwar so schnell wie möglich – idealerweise bis zum Ende Ihrer ersten 100 Tage. Sie müssen den Mitarbeitenden die Chance geben, sich zu verbessern, aber warten Sie nicht zu lange, wenn es offensichtliche Beschwerden oder Probleme mit der Leistung oder dem Verhalten einer Person gibt.

Überlegen Sie, was das Team von einem höheren Leistungsniveau abhalten könnte:

- Ist die Mission des Teams kristallklar?
- Sind die Rollen und Verantwortlichkeiten der Teammitglieder klar?
- Gibt es die richtigen Systeme, um das Team zu unterstützen?
- Besteht Vertrauen zwischen den Teammitgliedern?
- Zeigen alle Teammitglieder genügend Engagement?
- Gibt es zu viele Konflikte oder Angst vor Konflikten unter den Teammitgliedern?
- Wird jede Person zur Rechenschaft gezogen, das zu tun, was sie versprochen hat?
- Ist das Team zu sehr auf Konsens bedacht und leidet unter Gruppendenken?

Ich habe festgestellt, dass es gut funktioniert, das Team als Analogie zum Körper zu betrachten. In dieser Vorstellung gilt ein Team als gesund (leistungsstark), wenn die Summe der Teile aus einem klaren Kopf (Teamanalyse, Teamintelligenz, Teamwissen), fähigen Händen (Teamfähigkeiten, Teamkompetenzen) und einem starken Herz (Teamleidenschaft, Teammotivation, Teamgeist) besteht. Ich sage Ihnen, dass jeder Teil des Körpers an seinem Platz sein muss, damit das Ganze effektiv funktioniert.

„Die Gesundheit Ihres Teams stärken."

Abbildung 4.1 Zeit für einen Gesundheitscheck

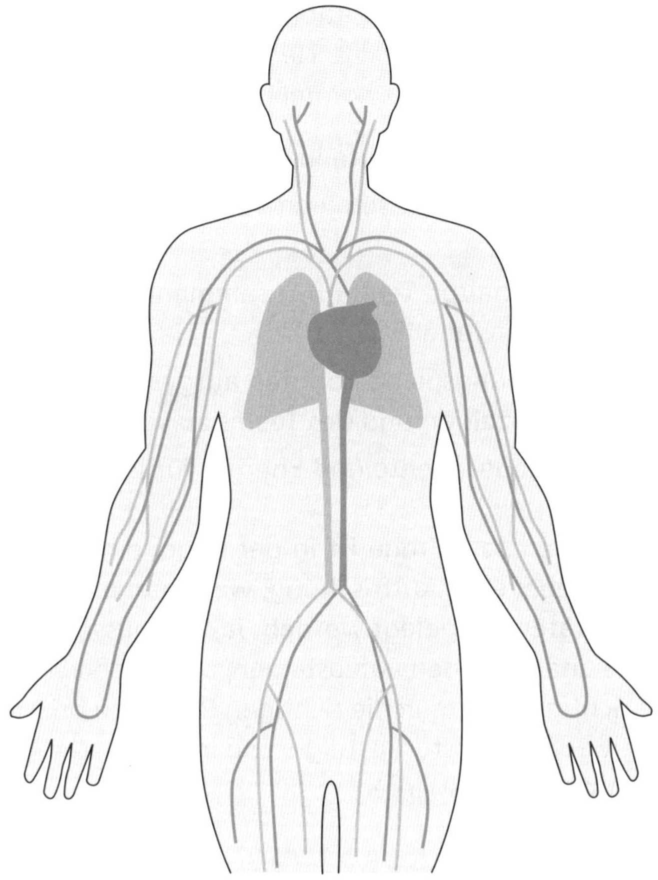

Treten Sie zurück und machen Sie einen Gesundheitscheck für Ihr Team. Ergibt die Summe der Teile ein gesundes Team? Hat das Team beispielsweise die Intelligenz (den Kopf) und die Fähigkeiten (die Hände), aber nicht die Leidenschaft (das Herz) für Höchstleistungen? Ideen für den Aufbau der Gesundheit Ihres Teams können sein:

- in die Ausbildung von Fachkräften investieren
- in den Aufbau von Motivation investieren
- rekrutieren, um die Lücken zu füllen.

„Die richtigen Leute in den richtigen Positionen"

Jetzt, nach einem Monat in Ihrer neuen Rolle, verfügen Sie über viel mehr persönliche Erfahrung und Informationen darüber, was erreicht werden muss, welche Herausforderungen wahrscheinlich auf Sie zukommen und wie gut Ihr Team ist.

- Haben Sie die richtigen Leute in den richtigen Positionen?
- Welche Änderungen müssen jetzt vorgenommen oder für später geplant werden?
- Was, wenn überhaupt, fehlt im Zusammenhang mit den Zielen, die Sie erreichen wollen?
- Welche Entwicklungspläne könnten aufgestellt werden, um die Leistung der Einzelnen und des Teams zu steigern?
- Brauchen Sie neue Talente und Energie für Ihr Team?

Die Antwort auf die letzte Frage ist in der Regel ein klares „Ja". Teams brauchen in der Regel eine Auffrischung, wenn neue strategische Ambitionen und Prioritäten festgelegt werden. Ja, Sie müssen Ihren alten Mitarbeitenden die Chance geben aufzusteigen, aber wenn Sie es zu langsam angehen, die richtigen Leute in die richtigen Rollen zu bringen, kann sich das sehr negativ auf die Leistungssteigerung in den ersten 100 Tagen und den ersten 12 Monaten auswirken.

AUSGLEICHSMECHANISMEN

Jetzt ist ein guter Zeitpunkt, um über das nachzudenken, was ich als Verstärkung durch Spezialeinheiten bezeichne. Wenn in Ihrem Team wichtige Ressourcen oder Fähigkeiten fehlen, wie können Sie das kompensieren, damit Ihre Leistung in den ersten 100 Tagen nicht abgewürgt oder gebremst wird. Anstatt darauf zu warten, dass die richtigen Leute an Bord kommen, sollten Sie sich überlegen, wen Sie sofort an Bord holen könnten, und sei es auch nur vorübergehend, bis Sie ein stabileres Team aufbauen können.

Je nach Ihrem Budget oder Ihrer Fähigkeit, mehr Ressourcen auszuhandeln, sollten Sie in temporäre Beratungsdienste investieren, um die Entwicklung neuer Strategien und kritischer Finanzanalysen zu unterstützen.

Das Ausleihen von Zeitarbeitskräften aus anderen Teams kann schwer zu verhandeln sein, da wahrscheinlich jedes Team ausgelastet ist, aber es ist auf jeden Fall einen Versuch wert. Sie könnten versuchen, eine clevere Person aus dem Junior-Management für 100 Tage auszuleihen, die Sie bei allen Aktivitäten der ersten 100 Tage unterstützt, während Sie sich einarbeiten.

Diese Art von „rechter Hand" kann als zusätzliche Hilfe in den ersten 100 Tagen von unschätzbarem Wert sein – wie eine Super-Assistenz der Geschäftsleitung – und kann von innerhalb des Unternehmens empfohlen werden. In der Regel handelt es sich um ein aufstrebendes Talent, das ehrgeizig ist, sich weiterentwickeln möchte und die Gelegenheit begrüßt, mit einer neuen hochrangigen Führungskraft zusammenzuarbeiten. Eine solche Person kann für alles Mögliche eingesetzt werden, vom Einrichten von Tabellenkalkulationen über das Anfertigen von Notizen bei einer Besprechung bis hin zur Organisation von Team-Workshops und frühen Veranstaltungen.

DIE FÜHRUNG BEI DER REKRUTIERUNG DER RICHTIGEN TALENTE ÜBERNEHMEN

Entscheidend für Ihren Erfolg ist die Fähigkeit, die richtigen Talente für Ihr Team zu rekrutieren. Doch allzu oft investieren Führungskräfte nicht genug Zeit in die Personalbeschaffung. Diese Aufgabe wird an andere ausgelagert – an die Personalabteilung und an Personalvermittlungs- und Executive-Search-Agenturen – und auch nur dann, wenn eine bestimmte Stelle zu besetzen ist. Es ist sinnvoll, dass spezialisierte Personalvermittlungen Ihnen dabei helfen, denn es ist ihre Aufgabe, über weitreichende Kontakte in der Branche und darüber hinaus zu verfügen.

Aber delegieren Sie die Personalbeschaffung nicht vollständig an die Personalabteilung oder an Agenturen. Bleiben Sie involviert und bleiben Sie während des gesamten Prozesses mit Ihren Partnern und Partnerinnen so aktiv wie möglich. Stellen Sie sicher, dass Sie klare Stellenbeschreibungen geben und sich frühzeitig an Vorstellungsgesprächen beteiligen, um sich einen Überblick über das Angebot auf dem Markt zu verschaffen und Ihre Stellenbeschreibung zu verfeinern. Ihr Suchteam und Ihre

Personalvermittler werden sich stärker für Sie einsetzen, wenn sie sehen, dass Sie engagiert sind. Sie können auch die Stellenbeschreibung oder die Anzahl der zu besetzenden Stellen anpassen, wenn Sie während des Prozesses großartige Talente entdecken. Denken Sie daran, nach aktuellen Fähigkeiten und zukünftigem Potenzial zu suchen, nach einer großartigen Einstellung und nach Eignung.

Wann immer möglich, stellen Sie Leute ein, die besser sind als Sie. Seien Sie dabei furchtlos. Das wird Ihr Spiel verbessern und bedeutet auch, dass Sie dem größeren Wohl dienen und nicht nur Ihr Ego als Führungskraft schützen. Ihre Aufgabe wird es sein, die Talente in Ihrem Team zu maximieren und Ihren Mitarbeitenden die Möglichkeit zu geben, ihr Potenzial auszuschöpfen. Sie werden den Ruf erlangen, die Besten einzustellen und Ihren Mitarbeitenden die Möglichkeit zu geben, sich zu entfalten. Infolgedessen werden die besten Mitarbeitenden in Ihr Team strömen und vor allem werden Sie Ihre Chancen auf mehr Siege erhöhen, je besser das Talent in Ihrem Team ist.

Auch wenn Sie keine Stelle zu besetzen haben, halten Sie immer Ausschau nach neuen Talenten. Schalten Sie jetzt einen Schalter in Ihrem Kopf ein und fragen Sie sich: „Wenn ich ein Weltklasseteam aufbauen würde, wen würde ich da reinstecken?“ Und dann seien Sie ruhig, aber ständig wachsam, indem Sie Ihr Team, die Teams anderer Leute, Branchennetzwerke, Konferenzen und Veranstaltungen nach Mitgliedern für Ihr Weltklasseteam absuchen. Haben Sie eine expansive Einstellung und wissen Sie, dass es in Ihrem Team immer Platz für weitere Talente gibt. Seien Sie immer auf der Suche nach internen und externen Talenten. Bleiben Sie in Kontakt mit beeindruckenden früheren Kollegen und Kolleginnen, da Sie sie vielleicht in Zukunft an Bord holen möchten. Und stellen Sie natürlich sicher, dass Sie sich genauso sehr auf den Ausbau und die Entwicklung Ihres derzeitigen Teams konzentrieren wie auf die Einstellung neuer Mitarbeitender.

3 Achten Sie auf Kultur, Macht und Politik

Kultur und Politik sind ein wesentlicher Bestandteil des Organisationslebens. Vielleicht wurden Sie vor Ihrem Eintritt in das Unternehmen darüber informiert, worauf es in dieser Rolle ankommt, aber ich schlage vor, dass Sie sich auf der Grundlage Ihrer Erfahrungen, die Sie nach einem Monat in dieser Rolle gemacht haben, eine eigene Meinung bilden.

Eine Möglichkeit, über Kultur nachzudenken, ist, was Sie „sehen, hören und fühlen". Mit anderen Worten: Nehmen Sie sich die Zeit, selbst zu beobachten, was um Sie herum vor sich geht. Von der Kleiderordnung über das Verhalten in Meetings bis hin zu dem, was hier belohnt wird – was fällt Ihnen auf? Seien Sie aufmerksam, aber haben Sie nicht das Gefühl, dass Sie sich der bestehenden Kultur anpassen müssen. Oft ist einer der strategischen Gründe, warum ein Unternehmen in externe Mitarbeitende investiert, dass der oder die CEO mehr Vielfalt in die Kultur bringen möchte.

Wenn Sie bereits 30 Tage Erfahrung haben, ist jetzt ein guter Zeitpunkt, um darüber nachzudenken:

- Wer ist hier wirklich wichtig?
- Was ist hier wirklich wichtig?

Es braucht Zeit, um diese Nuancen herauszuarbeiten. Sie waren in den letzten 30 Tagen mit den ersten Schritten beschäftigt und jetzt ist es an der Zeit, den Kopf wieder zu heben und gründlicher über diese Punkte nachzudenken. Eine Organisation zu verstehen, erfordert Geschick, Zeit und Sensibilität für andere Menschen. Sie müssen gut darin werden, die politische Struktur der Organisation zu durchschauen und zu verstehen, wie sie tickt. Investieren Sie jetzt in das Netzwerk.

Konzentrieren Sie sich nicht nur auf die eigentliche Aufgabe. Ich schlage vor, dass Sie die Hand ausstrecken und Zeit investieren, um wichtige Beziehungen und Netzwerke zu verstehen. Die Zeit, die Sie jetzt in den Aufbau von guten Beziehungen investieren, wird sich später als unschätzbar wertvoll erweisen, um Dinge schneller zu erledigen. Vielleicht können Ihnen Ihre Vorgesetzten oder die Personalabteilung eine Person zuweisen, die Ihnen als interner Mentor oder interne Mentorin hilft, die Kultur und die Politik zu verstehen und zu navigieren. Idealerweise wählen Sie eine kluge Person, die schon seit Jahren im Unternehmen ist, Umstrukturierungen und den Wechsel eines oder mehrerer CEOs überlebt hat und bereit ist, Ihnen dabei zu helfen, die Unternehmenskultur zu verstehen und sich so schnell wie möglich in die Unternehmenspolitik einzuarbeiten.

Schauen Sie unter die Oberfläche – wie funktioniert dieses Unternehmen wirklich? Geschicktes politisches Verhalten bedeutet zu verstehen, wie Organisationen funktionieren, und Ressourcen zu mobilisieren, um die Ziele der Organisation zu erreichen. Leistungsstarke Führungskräfte wissen, dass in jeder Beziehung, jeder Besprechung, jeder Abteilung und jeder Organisation zwei Dimensionen im Spiel sind: das, was oberhalb der Oberfläche geschieht, und das, was unterhalb der Oberfläche geschieht. Die Fähigkeit, die Welt der Organisation zu durchschauen, ist eine sehr wichtige Fähigkeit und Sie können den besten Plan der Welt für die ersten 100 Tage haben, aber wenn Ihnen entgeht, worauf es hier wirklich ankommt, dann werden all Ihre Bemühungen umsonst sein.

- Wissen Sie, wie die Organisation funktioniert, ihre Prozesse, Verfahren und Systeme?
- Haben Sie ein Gespür für die Machtbasis, die offenen und verdeckten Agenden, die formellen und informellen Netzwerke? Wer sind die wichtigsten Entscheidungstragenden und Einflussnehmenden?
- Kennen Sie das formelle Organigramm und das informelle Organigramm?
- Was verstanden werden muss, wird in der Regel nicht formell erklärt oder niedergeschrieben. Haben Sie also genug politisches Bewusstsein, um zwischen den Zeilen zu lesen?
- Wenn Sie politisch nicht versiert sind, wer kann Ihnen dann helfen?

4 Executive Q&A: Beratung zu typischen Fragen und Szenarien nach 30 Tagen

Executive Q&A

Q: Meine Top-Leistungsträgerin hat mir unerwartet gekündigt. Ohne sie kann ich meine Verkaufsziele für das erste Quartal nicht erreichen. Außerdem habe ich das Gefühl, dass es negativ auf mich zurückfällt, dass sie sich entschlossen hat, kurz nach meiner Ankunft zu gehen. Wie soll ich damit umgehen?

A: *In den ersten Tagen und Monaten eines neuen Führungswechsels befinden sich das Team und die neue Führungskraft in einer recht verletzlichen und instabilen Phase, bis sich alles wieder beruhigt hat. Dies ist wahrscheinlich die risikoreichste Zeit für Rücktritte. Es geht also nicht darum, Pech zu haben – es geht nur darum, in Zukunft erfahrener zu sein und bereit, mit dieser Art von Situation umzugehen. Denken Sie nicht, dass es nur um Sie geht. Es hat vielleicht nichts mit Ihnen persönlich zu tun.*

Manchmal fühlen sich Top-Leistungstragende gekränkt, weil sie Ihren Job nicht bekommen haben. Manchmal verlassen Top-Leistungstragende Ihr Unternehmen, um sich Ihrem Vorgänger oder ihrer Vorgängerin anzuschließen, wenn diese Person eine aufregende neue Aufgabe übernommen hat, dies aber nicht bekannt geben möchte. Manchmal werden Top-Leistungstragende durch die Nachricht, dass ihr Chef oder ihre Chefin gewechselt hat, aus ihrem eigenen Status quo geweckt und beschließen, auch auf dem Markt nach neuen Möglichkeiten für sich selbst Ausschau zu halten. Achten Sie in Zukunft auf Anzeichen für ein mangelndes frühzeitiges Engagement von Teammitgliedern, damit Sie bei einem erneuten Vorfall nicht so unvorbereitet sind.

Überlegen Sie, ob Sie etwas tun oder sagen können, um Ihre Person zum Bleiben zu bewegen. Es ist ein Kampf um Talente, also lassen Sie Ihre Top-Leistungsträgerin nicht einfach zur Tür hinausgehen, ohne alles zu tun, was Sie können, um sie zu halten. Fragen Sie sie direkt, warum sie geht und was an der neuen Gelegenheit besser ist, und versuchen Sie, ihr einen Vorteil zu verschaffen, damit Sie sie von den Vorteilen überzeugen können, die Sie als Führungskraft haben. Vielleicht möchte sie die Gewissheit haben, dass Sie ihr berufliches Fortkommen unterstützen werden.

Informieren Sie Ihre Vorgesetzten sofort und bitten Sie sie um Hilfe, um Ihre Top-Leistungsträgerin zum Bleiben zu bewegen. Es ist besser, es ihnen eher früher als später mitzuteilen, weil sie vielleicht mehr Ideen und Druckmittel haben, um sie zum Bleiben zu bewegen. Außerdem wird es nicht als persönliches Problem zwischen Ihnen angesehen, wenn Sie sich bereit zeigen, herauszufinden, wie Sie sie zum Bleiben bewegen können.

Wenn sie sich nicht umstimmen lässt, dann akzeptieren Sie die Situation, wünschen Sie ihr alles Gute und überlegen Sie gemeinsam mit Ihren Interessenvertretenden, wie Sie mit der Situation umgehen können. Kann ein anderes Teammitglied einspringen? Kann ein anderes Team aushelfen, bis ein Ersatz gefunden ist? Sollten die Ziele angesichts dieser Veränderung neu verhandelt werden?

Indem Sie Ihre Vorgesetzten und die anderen Beteiligten so früh wie möglich auf die Situation aufmerksam machen, teilen Sie den Stress und bringen sie dazu, Teil der Lösung zu sein, anstatt selbst die ganze Last zu tragen. Schließlich sind Sie noch neu und müssen von Ihrem Umfeld angemessen unterstützt werden.

Q: Innerhalb einer Woche habe ich gemerkt, dass der Job und die Unternehmenskultur ganz anders sind, als ich erwartet hatte. Vielleicht habe ich einen schrecklichen Fehler gemacht, als ich mein vorheriges Unternehmen verließ. Ich wollte eine Veränderung, aber jetzt befinde ich mich weit außerhalb meiner Komfortzone. Sollte ich kündigen?

A: *Wenn Sie sich nicht aus Ihrer Komfortzone herausbewegen, werden Sie nie etwas lernen. Ich schlage vor, dass Sie sich ein Jahr Zeit lassen und dann eine neue Bilanz ziehen. Es steht Ihnen natürlich frei, jederzeit auszusteigen, aber wenn Sie Ihre Entscheidung innerhalb weniger Wochen oder Monate nach Ihrem Einstieg wieder rückgängig machen, könnte das eine Überreaktion auf die Veränderung sein. Wahrscheinlich haben Sie nur Ihr Selbstvertrauen verloren und sind zu Beginn nervös.*

Gewinnen Sie Ihr Selbstvertrauen zurück, indem Sie sich an schwierige Situationen erinnern, die Sie in der Vergangenheit erfolgreich gemeistert haben. Überlegen Sie, warum Sie die Rolle und die Organisation wechseln wollten. Erinnern Sie sich daran, warum Sie sich beworben haben und was das Tolle an dieser Gelegenheit ist. Es kann nicht alles schlecht sein. Wenn Menschen in ein neues Unternehmen wechseln, sinkt in der Regel sofort das Selbstvertrauen, so dass Sie sich vielleicht nicht mehr ganz so wohl fühlen. Seien Sie sich jedoch bewusst, dass es Ihr Selbstvertrauen nur noch weiter schwächen kann, wenn Sie impulsiv kündigen und damit nur beweisen, dass Sie es nicht durchhalten können.

Wenn es sich jedoch nicht um ein Problem des Selbstvertrauens handelt und Ihr rationaler Instinkt Ihnen sagt, dass dies ein großer Fehler war, dann sollten Sie lieber früher als später etwas dagegen unternehmen. Ich schlage vor, dass Sie den Mut haben, Ihre Reaktion mit Ihrem Chef oder Ihrer Chefin zu besprechen und sich gemeinsam auf das weitere Vorgehen zu einigen, wozu auch gehören kann, dass Sie zu dem Entschluss kommen, dass dies ein Einstellungsfehler war. Übernehmen Sie die Verantwortung für Ihren eigenen Anteil an diesem Fehler – dass Sie sich während des Einstellungsverfahrens nicht ausreichend über die Definition der Rolle, die Erwartungen und die Kultur informiert haben. Lernen Sie aus Ihrem Fehler und wiederholen Sie ihn nicht. Eine Fehlbesetzung ist eine große Enttäuschung und eine große Verschwendung von Zeit und Mühe für alle Beteiligten – für Sie, das einstellende Unternehmen, das Team und alle an der Rolle Beteiligten.

Q: Die Politik hier ist ein Albtraum. Die Organisationsstruktur ist eine Matrix und es ist unklar, wer wirklich das Sagen hat. Ich scheine mehrere Vorgesetzte zu haben und keine direkte Kontrolle über meine Teammitglieder, die ebenfalls mehrere Vorgesetzte haben. Ich möchte einfach nur meine Arbeit machen, aber es scheint, dass Führung durch Einflussnahme der einzige Weg ist. Wie kann ich das herausfinden?

A: *Die Antwort finden Sie in Ihrer Frage. Sie müssen herausfinden, wer die wichtigsten Einflussnehmenden in dieser Organisation sind und wie Sie Ihre Agenda mit deren Agenda in Einklang bringen können, damit Sie überhaupt eine Chance haben, Ihre Ziele zu erreichen. Achten Sie auch darauf, dass Sie sich an den Bedürfnissen und übergeordneten Zielen der Organisation orientieren. Wenn Sie die Schnittmenge dieser Agenden finden, wird die Politik auf eine bessere Ebene gebracht – und zwar eine, bei der es mehr darum geht, alle Beteiligten dazu zu bringen, das Richtige zu tun, als darum, dass sich alle nur um ihr eigenes Silo kümmern und die übergeordneten Ziele der Organisation ignorieren.*

Die Politik zu ignorieren, ist keine Lösung, also lernen Sie, politisch klüger zu werden. Fragen Sie andere, die schon länger in dieser Organisation tätig sind, um Rat. Versuchen Sie, es selbst herauszufinden durch das, was Sie lernen und was Sie beobachten, und indem Sie wahrnehmen, welche Art von Person in dieser Organisation erfolgreich ist.

Ein wichtiger Tipp, um Ihre Glaubwürdigkeit bei Einflussnehmenden zu erhöhen, ist es, schon früh einen beeindruckenden Erfolg zu erzielen. Das muss nicht unbedingt mit harter Arbeit verbunden sein. Es könnte einfach eine neue Idee sein, wie eine strategische Lücke geschlossen werden kann, oder eine Innovation, wie die Digitalisierung im Unternehmen genutzt werden kann, oder eine andere beeindruckende Idee. Die derzeitigen Einflussnehmenden werden Sie vielleicht bemerken und Sie in ihrem Umfeld haben wollen, was Ihnen den Weg ebnen wird. Wenn Sie mit Politik konfrontiert werden, fragen Sie sich, wo die Schnittmenge liegt zwischen dieser Agenda und dem, was für die Organisation richtig ist – und was ein weiser Mensch in dieser Situation tun würde.

5 Kritische Erfolgsfaktoren für die nächsten 30 Tage: Tag 30–60

Im Folgenden finden Sie eine Zusammenfassung dessen, woran Sie in den nächsten 30 Tagen denken sollten:

- Seien Sie realistisch, was die Probleme angeht.
- Nehmen Sie auf der Grundlage Ihrer Erkenntnisse Änderungen vor.
- Investieren Sie in das Netzwerk.
- Verlassen Sie das Büro.
- Seien Sie die beste Führungskraft, die Sie sein können.
- Achten Sie darauf, Ihren Gefühlen keinen freien Lauf zu lassen.
- Aktualisieren Sie Ihren Plan für die ersten 100 Tage.

SEIEN SIE REALISTISCH, WAS DIE PROBLEME ANGEHT

Es hat keinen Sinn, an der Illusion festzuhalten, dass alles perfekt ist. Nach dem anfänglichen Hochgefühl Ihrer Beförderung und dem Adrenalinschub zu Beginn Ihrer Tätigkeit ist es nun an der Zeit, die Augen für die Probleme und Herausforderungen zu öffnen, die sich Ihnen vor Ort stellen. In der Regel dämmert der neu ernannten Führungskraft in den Tagen 30 bis 60 die Erkenntnis, dass die Dinge schlechter sind als erwartet.

Vielleicht stellen sie fest, dass ihr Chef oder Ihre Chefin eher tyrannisch ist und nicht die nette Person, als die sie sich beim Vorstellungsgespräch dargestellt hat, oder sie stellen fest, dass das Team nachlässig ist oder dass der bzw. die CEO zu eigennützig ist und nicht wirklich genug für die Kultur und die Entwicklung der Mitarbeitenden tut.

Wenn Ihnen dies dämmert oder diese Art von Erkenntnis einsetzt, ist die Versuchung natürlich am größten, sich dagegen zu wehren und sie zu ignorieren – denn Sie halten lieber an dem Ideal fest, dass alles besser ist als Ihr letztes Unternehmen oder Ihr letzter Job. Jeder Hinweis auf etwas anderes ist unangenehm und Verleugnung ist oft angenehmer als die Akzeptanz der Realität.

Wenn Sie in Ihren ersten 100 Tagen einen schnellen Erfolg erzielen möchten, rate ich Ihnen, die tieferen Probleme, mit denen Sie in dieser Situation konfrontiert sind, zu akzeptieren, anstatt sie zu leugnen. Wenn Sie die Wahrheit akzeptieren, sind Sie gezwungen, etwas dagegen zu tun. Seien Sie ein Vorbild für die Art von Veränderung, die Sie in der Unternehmensführung sehen wollen.

NEHMEN SIE AUF DER GRUNDLAGE IHRER ERKENNTNISSE ÄNDERUNGEN VOR

In den Tagen 30–60 gibt es ein Zeitfenster, in dem Sie mit radikalen Veränderungen beginnen können. Es mag Ihnen in den ersten Wochen nach Ihrer Ankunft verfrüht erschienen sein, Veränderungen vorzunehmen. Doch in diesem nächsten Monat ist es der perfekte Zeitpunkt, um zu sagen, dass Sie seit einem Monat in der Rolle sind und ein tieferes Verständnis für die Probleme und die erforderlichen Veränderungen haben.

Als Sie anfangs Ihr Profil der Rolle, des Unternehmens und des Marktes erstellten, haben Sie vielleicht schon einige Hypothesen darüber aufgestellt, was verbessert oder verändert werden muss. Nachdem Sie nun 30 Tage in der Rolle sind, haben Sie die Möglichkeit, diese Hypothesen durch Ihre persönlichen Beobachtungen und Erfahrungen zu untermauern. Lassen Sie diese Gelegenheit nicht ungenutzt verstreichen. Versuchen Sie, das richtige Gleichgewicht in Bezug darauf zu finden, wann Sie genügend Informationen und Gründe für Veränderungen haben und wann Sie Veränderungen vornehmen sollten. Versuchen Sie, Veränderungen eher früher als später voranzutreiben, aber nicht so früh, dass Sie als arrogant oder uninformiert angesehen werden.

INVESTIEREN SIE IN DAS NETZWERK

Definitionsgemäß können Sie keine erfolgreiche Führungspersönlichkeit sein, wenn Sie keine Gefolgschaft haben. Ihr Team hat kaum eine andere Wahl, als das zu tun, was Sie sagen. Sie sind ihr Chef oder ihre Chefin und Sie haben die Kontrolle über ihre Leistungsbeurteilung und ihre Bezahlung. Die heutigen Unternehmen sind jedoch so stark vernetzt, dass es unwahrscheinlich ist, dass Sie direkte Befugnisse über die meisten Mitarbeitenden haben, auf die Sie sich verlassen, um die Dinge zu erledigen. In der Matrix Ihres Unternehmens wird es also entscheidend für Ihren Erfolg sein, wie Sie Ihr Netzwerk steuern und sich Menschen sichern, die Ihnen Folge leisten. Darüber können Sie in den nächsten 30 Tagen nachdenken.

Sie sind schon lange genug in Ihrer Rolle, um ein Gefühl für das Netzwerk zu bekommen, in dem Sie arbeiten müssen. Investieren Sie jetzt in dieses Netzwerk und suchen Sie nach Wegen, um Beziehungen zu den Menschen aufzubauen, die Ihnen helfen können, Dinge zu erledigen, und die Ihnen folgen. Scheuen Sie sich nicht, über Ihren unmittelbaren Bereich hinauszugehen. Man wird Sie mehr respektieren, wenn Sie Zeit investieren, um zu verstehen, was im Außendienst oder im Ladengeschäft passiert oder wo auch immer die Endverbrauchenden Ihr Produkt oder Ihre Dienstleistung erleben.

VERLASSEN SIE DAS BÜRO

Es ist verständlich, dass Sie die ersten 30 Tage im Büro verbringen mussten, um Ihre Vorgesetzten und Ihr Team kennenzulernen und sich in Ihre Rolle einzufinden. Lassen Sie jedoch keinen weiteren Monat verstreichen, ohne Ihr unmittelbares Bürogebäude zu verlassen. Besuchen Sie den Hauptsitz Ihres Konzerns, Ihre Kunden und Kundinnen, die Konkurrenz, Ihre wichtigsten Lieferdienste – um eine neue Perspektive zu gewinnen. Zumindest werden Sie dadurch mehr lernen und als praxisorientierter und weniger im „Elfenbeinturm" wahrgenommen werden. Im besten Fall entdecken Sie vielleicht Innovationen oder neue Lösungen für Ihre aktuellen Probleme.

SEIEN SIE DIE BESTE FÜHRUNGSKRAFT, DIE SIE SEIN KÖNNEN

Stellen Sie in den nächsten 30 Tagen sicher, dass Sie die beste Führungskraft sind, die Sie sein können. Geben Sie eine klare Richtung vor, nehmen Sie Ihre Mitarbeitenden mit, erzielen Sie die richtigen Ergebnisse? Der 60-Tage-Meilenstein ist die beste Phase, um formelles Feedback einzuholen – dazu später mehr. Nutzen Sie in der Zwischenzeit die Gelegenheit, sich informell bei Ihren Vorgesetzten und Ihrem Team zu erkundigen, wie Ihre Führungsbotschaften ankommen und ob Sie Gefolgsleute gewinnen und die richtigen Ergebnisse erzielen, die man von Ihnen erwartet.

ACHTEN SEI DARAUF, IHREN GEFÜHLEN KEINEN FREIEN LAUF ZU LASSEN

Ich rate Ihnen, offen zu sein für die Hypothese, dass Sie, egal wie erfahren Sie sind, aufgrund des erhöhten Stresses, der mit der Situation der ersten 100 Tage im Amt verbunden ist, übertriebene Reaktionen auf das haben werden, was um Sie herum geschieht. Seien Sie offen für die Vorstellung, dass diese Emotionen das Spektrum von Panik, Angst und Überwältigung bis hin zu Übermut und Arroganz – und alles dazwischen – umfassen können und dass Sie Gefahr laufen, Ihren Gefühlen entsprechend freien Lauf zu lassen.

Ihr dynamisches Gefühlsleben ist ein wichtiger Faktor, auf den Sie achten, den Sie pflegen und mit dem Sie umgehen müssen. Seien Sie Ihr eigener bester Freund oder Ihre beste Freundin und schalten Sie einen Gang zurück, wenn Sie sich zu sehr gestresst fühlen. Es ist immer besser, einen Schritt zurückzutreten und eine Pause einzulegen, als die Dinge möglicherweise noch schlimmer zu machen, indem Sie Ihre emotionale Frustration an anderen auslassen.

AKTUALISIEREN SIE IHREN PLAN FÜR DIE ERSTEN 100 TAGE

Überprüfen Sie jedes gewünschte Ergebnis und justieren Sie die Aktionen für die nächsten 30 Tage neu, basierend auf den Erfahrungen der ersten 30 Tage und auf den folgenden Punkten:

- Eine Überprüfung der Fortschritte gegenüber dem Plan
- Eine Kontrolle anhand der Checkliste für die ersten 30 Tage
- Eine Analyse, wer und was hier wirklich zählt
- Wie Sie ein leistungsfähigeres Team aufbauen
- Kritische Erfolgsfaktoren für die nächsten 30 Tage

@ Nach 60 Tagen

- Ihre Checkliste nach 60 Tagen
- Bitten Sie um Feedback zu Ihrer Leistung
- Entwickeln Sie Ihre Resilienz und Ihren Einfallsreichtum
- Executive Q&A: Beratung zu typischen Fragen und Szenarien nach 60 Tagen
- Kritische Erfolgsfaktoren für die nächsten 30 Tage: Tag 60–90

1 Ihre Checkliste nach 60 Tagen

Überprüfung der Fortschritte gegenüber dem Plan

1 Überprüfen Sie Ihre gewünschten Ergebnisse für die ersten 100 Tage.

2 Sind Sie auf dem richtigen Weg, die gewünschten Ergebnisse zu erzielen?

3 Sind Sie nach 60 Tagen da, wo Sie sein wollten?

4 Ziehen Sie nach 60 Tagen Bilanz darüber, was mit Ihrem Plan gut oder nicht gut funktioniert.

- Was können Sie noch tun, um Ihre Leistung gegenüber dem Plan zu verbessern?
- Brainstormen Sie Lösungen für alle Blockaden/Herausforderungen.
- Denken Sie an die Möglichkeiten zur Leistungssteigerung.
- Welche Personen können Ihnen bei dieser Aufgabe helfen und als Sounding-Board oder als Coachende fungieren?

Das Wichtigste, was Sie jetzt tun sollten, ist innezuhalten, Bilanz zu ziehen und zu prüfen, wo Sie nach 60 Tagen Ihres Plans für die ersten 100 Tage stehen wollen. Wir alle wissen, dass Sie viel zu tun hatten, aber haben Sie auch die richtigen Dinge getan?

Die ersten 100 Tage sind intensiv und die mittlere Phase ist anstrengend, da Sie sich mit den Details der Rolle vertraut machen. Es ist an der Zeit, sich neu zu formieren, Ihr Energieniveau wieder zu erhöhen und sich auf den letzten Schub vorzubereiten.

Sie sind jetzt zwei Monate dabei und haben mehr praktische Erfahrung mit den Themen und Möglichkeiten. Jetzt fühlen Sie sich vielleicht schon ganz in der Arbeitszone und sehr produktiv. Schließlich gibt es so viel zu tun. Es mag sogar verlockend sein, den Plan für die ersten 100 Tage aufzugeben, weil Sie so sehr mit dem beschäftigt sind, was vor

„Das Ende Ihrer ersten 100 Tage ist in Sicht."

Ihnen liegt. Ich rate Ihnen jedoch dringend, sich Ihren Plan noch einmal anzuschauen.

Die Ablenkung von den strategischen Prioritäten ist es, die Führungskräfte davon abhält, in den ersten 100 Tagen etwas zu bewirken. Die 60-Tage-Marke ist ein wichtiger Meilenstein, an dem Sie eine Bestandsaufnahme der Fortschritte machen und prüfen können, ob Sie in die Falle der Detailarbeit, der „Brandbekämpfung" oder anderer Ablenkungen getappt sind. Es ist an der Zeit, Ihren Plan zu entstauben – vor allem, wenn Sie ihn schon eine Weile nicht mehr angeschaut haben.

Nehmen Sie Ihren Plan für die ersten 100 Tage heraus und nehmen Sie sich mindestens zwei Stunden Zeit für eine ernsthafte Überprüfung. Konzentrieren Sie sich auf Ihre wichtigsten gewünschten Ergebnisse – Ihre wichtigsten Prioritäten? Haben Sie bis zu diesem Zeitpunkt erreicht, was Sie im Hinblick auf Ihre gewünschten Ergebnisse am Ende der ersten 100 Tage erreichen wollten? Womit verbringen Sie Ihre Zeit? Wenn Sie Zeit für Aktivitäten aufwenden, die nicht auf dem Plan stehen, dann fragen Sie sich, warum? Entweder passen Sie den Plan an oder Sie hören auf, sie auszuüben.

Verwenden Sie die folgende 60-Tage-Checkliste, um die letzten 30 Tage Revue passieren zu lassen:

- Haben Sie schon alle wichtigen Interessengruppen getroffen?
- Folgen Sie dem/der CEO in den sozialen Medien und halten Sie sich über die Agenda der Unternehmensführung auf dem Laufenden? Sind Sie sich über die Mission des Unternehmens im Klaren?
- Haben Sie das richtige Tempo?
- Sind Sie auf dem richtigen Weg, um echte Ergebnisse zu erzielen?
- Wie gut kommen Sie mit Ihren Personalfragen zurecht?
- Verfügen Sie über das notwendige Budget und die notwendigen Ressourcen?
- Haben Sie eine positive Einstellung zum Lernen entwickelt?
- Kümmern Sie sich um Ihre Gesundheit und Ihr Energieniveau?
- Haben Sie neue Erkenntnisse über Ihre Rolle gewonnen?
- Sind Sie und Ihre Vorgesetzten einer Meinung?

IHRE CHECKLISTE NACH 60 TAGEN

1 **Haben Sie schon alle wichtigen Interessengruppen getroffen?**
Sie sind seit zwei Monaten in Ihrer neuen Rolle und es ist an der Zeit, zu überprüfen, ob Sie schon alle wichtigen Interessengruppen getroffen haben. Wenn viel mehr Zeit vergeht und Sie sich nicht mit allen wichtigen Interessenvertretenden getroffen haben, wird dies zumindest als schlechtes Benehmen gewertet, aber schlimmstenfalls haben Sie nicht alle Informationen, die Sie brauchen, um in dieser Rolle erfolgreich zu sein und zu wissen, was von Ihnen erwartet wird. Nehmen Sie sich Zeit in Ihrem Terminkalender, um alle verbleibenden Besuche und Treffen mit Interessenvertretenden bis zum Ende Ihrer ersten 100 Tage zu planen.

2 **Folgen Sie dem/der CEO in den sozialen Medien und halten Sie sich über die Agenda der Unternehmensführung auf dem Laufenden? Sind Sie sich über die Mission des Unternehmens im Klaren?**
Sie werden als reifere Führungskraft wahrgenommen, wenn Sie die Prioritäten des oder der CEO im Auge behalten und auf dem Laufenden bleiben, was in den Sitzungen der Konzernleitung geschieht. In der Regel gibt es in jedem Unternehmen ein CEO-Kommunikationsbüro, das für die Herausgabe von Publikationen, sozialen Medien, Blogs und Vlogs zur CEO-Agenda verantwortlich ist – und der bzw. die CEO kann auch persönlich twittern.

Versuchen Sie, Ihre Agenda mit dem zu verknüpfen, was am oberen Tisch diskutiert wird. Es sollte eine direkte Sichtlinie zwischen der Arbeit, die Sie und Ihr Team leisten, und der strategischen Agenda des oder der CEO bestehen. Auch auf einer breiteren Ebene können Sie Verknüpfungen herstellen. Wenn sich die oberste Führungsebene beispielsweise erneut zu einem stärkeren sozialen Engagement verpflichtet hat, könnte Sie das dazu inspirieren, in Ihrer Abteilung eine Initiative zur sozialen Verantwortung des Unternehmens einzuführen – und das könnte auch gut für die Teambindung sein und dazu beitragen, Ihr Team mit der obersten Führungsebene zu verbinden.

3 **Haben Sie das richtige Tempo?**
Wenn Sie die Marke von 60 Tagen erreicht haben, dann haben Sie eine intensive Zeit hinter sich. Fühlen Sie sich müde, überfordert, brauchen Sie eine kurze Pause, um wieder einen klaren Kopf zu bekommen? Wenn Sie sich dagegen nicht überfordert fühlen, warum nicht? Könnten Sie einen Gang höher schalten, so dass Sie sich in der Endphase Ihrer ersten 100 Tage mehr anstrengen? Nur weil niemand sonst Sie antreibt, heißt das nicht, dass man Sie weniger verurteilen wird, wenn Sie am Ende Ihrer ersten 100 Tage keine Ergebnisse erzielen. Oder vielleicht bekommen in Ihrem Unternehmen alle in den ersten 12 Monaten mehr oder weniger einen „Freifahrtschein"? Wenn Ihr Unternehmen ein langsames Tempo vorlegt, ist es für Sie noch wichtiger, einen schnellen Start zu haben, damit Sie sich von der Masse abheben können und für eine schnelle Beförderung in die Führungsetage in Frage kommen.

4 **Sind Sie auf dem richtigen Weg, um echte Ergebnisse zu erzielen?**
Wenn ich Sie auf dem Flur Ihres Büros antreffe, könnten Sie mich davon überzeugen, dass Sie auf dem richtigen Weg sind, um greifbare Ergebnisse zu erzielen? Ich bin sicher, dass Sie eine Menge tun, aber wie sicher können Sie sein, dass irgendetwas davon zu greifbaren Ergebnissen führen wird, auf die Sie am Ende Ihrer ersten 100 Tage stolz sein können?

Nehmen Sie sich also einen Moment Zeit und fragen Sie sich, ob Sie auf dem richtigen Weg sind, um ein echtes Ergebnis zu liefern, wie zum Beispiel eine Umsatzsteigerung von x Prozent oder ein physisches Dokument wie den Marketingplan oder die Ergebnisse der Phase 1 einer neu gestarteten strategischen Initiative. Üben Sie strenge Kritik an sich selbst, und wenn Ihre Aktivitäten noch nicht in einem greifbaren Ergebnis münden, dann überlegen Sie, wie Sie Ihre Bemühungen in ein Dokument, eine Präsentation oder etwas physisch Existierendes umwandeln können, mit dem Sie anderen den quantitativen und qualitativen Fortschritt zeigen können, den Sie machen.

5 **Wie gut kommen Sie mit Ihren Personalfragen zurecht?**
Was halten Sie jetzt von Ihrem Team, das Ihnen direkt unterstellt ist? Handelt es sich um eine motivierte, leistungsstarke Gruppe oder bleibt sie weit hinter Ihren Erwartungen an den erforderlichen Standard zurück? Haben Sie einen Aktionsplan zur Verbesserung der Leistung Ihres Teams von Direktunterstellten aufgestellt? Welche Initiativen werden Sie starten, um das Beste aus dem herauszuholen, was Sie haben, selbst wenn Sie auch externe Neueinstellungen planen, um das Team aufzufrischen? Haben Sie leistungsschwache Mitarbeitende? Verbringen Sie genug Zeit damit, dem Team die Richtung vorzugeben, es zu motivieren und – was sehr wichtig ist – es für seine Leistungen zur Rechenschaft zu ziehen. Sie müssen auf Menschen achten, die verbal clever sind, die sehr gut darin sind, Ihnen das zu sagen, was Sie hören wollen, und die ihre Pläne anpreisen, aber nicht durchsetzen können. Die verbal cleversten und „charmantesten" Menschen reden oft nur und tun nichts. Überprüfen Sie immer rechtzeitig die Verantwortlichkeiten der Teammitglieder, um sicherzustellen, dass die Ergebnisse auf dem richtigen Weg sind und dass es tatsächlich Belege für Fortschritte gibt.

6 **Verfügen Sie über das notwendige Budget und die notwendigen Ressourcen?**
Haben Sie sich das Budget und die Ressourcen gesichert, die erforderlich sind, um die Art von Wirkung und Veränderung herbeizuführen, die nicht nur für Ihre ersten 100 Tage, sondern auch für die Prioritäten Ihrer ersten 12 Monate und Ihre Dreijahresvision notwendig ist? Sie müssen es wagen, um das zu bitten, was Sie wollen. Sie müssen sich für Ihr Team und Ihre Projekte einsetzen, damit Sie einen echten Mehrwert für das Unternehmen schaffen können. Vergewissern Sie sich, dass Sie den jährlichen Budgetzyklus in Ihrem Unternehmen genau kennen, damit Sie ihm zuvorkommen und im Voraus den notwendigen Einfluss nehmen können – anstatt nur darauf zu warten, dass man Ihnen mitteilt, welche Ressourcen für Sie und Ihr Team noch übrig sind.

7 **Haben Sie eine positive Einstellung zum Lernen entwickelt?**
Eine lernende Einstellung ist eine Haltung, die Sie dazu prädisponiert, offen für neue Erfahrungen zu sein, zu glauben, dass Sie lernen können und werden, und bewusst an Ihren Erfahrungen zu wachsen und sich zu entwickeln. Seien Sie bescheiden und offen dafür, dass Sie nicht alles wissen müssen – unabhängig davon, wie viel Erfahrung Sie haben. Die ersten 100 Tage sind im Wesentlichen ein Kurs für die Entwicklung und Einübung von Führungsqualitäten während des Jobs. Seien Sie sich bewusst, dass Sie in einem Aufstiegsszenario unmöglich alles richtig machen oder sagen können. Versuchen Sie, Ihre blinden Flecken zu beseitigen, indem Sie von denen, die Ihnen nahestehen, Meinungen darüber einholen, was gut oder nicht gut funktioniert, und geben Sie ihnen die Erlaubnis, Sie auf dem Weg Ihrer ersten 100 Tage zu unterrichten und zu unterstützen.

8 **Kümmern Sie sich um Ihre Gesundheit und Ihr Energieniveau?**
Erinnern Sie sich noch an Kapitel 1, als Sie sich in der Phase vor dem Start auf die ersten 100 Tage vorbereitet haben? Gehen Sie zurück, frischen Sie Ihre Erinnerung an das Energiemanagementsystem auf und ergreifen Sie die notwendigen Maßnahmen, um Ihre Energie für den letzten Schub der nächsten 30 bis 40 Tage aufrechtzuerhalten oder wieder zu steigern. Fühlen Sie sich schlecht und schieben es auf den Wechsel der Jahreszeit, obwohl Sie in Wirklichkeit mehr in Ihre Selbstfürsorge investieren sollten? Vielleicht wäre es jetzt an der Zeit, sich einen freien Tag oder ein Wochenende zu gönnen, an dem Sie sich nicht um Arbeit und Ergebnisse sorgen müssen, um Ihr Energieniveau wieder aufzufrischen.

9 **Haben Sie neue Erkenntnisse über Ihre Rolle gewonnen?**
Sie sind jetzt seit 60 Tagen in dieser Rolle tätig. Sie haben viel mehr Informationen und Erfahrungen über diese Rolle, die Hauptakteure und -akteurinnen, den Markt und das, was realistischerweise erreicht werden kann. Sie sind in dieser Phase nach 60 Tagen gut positioniert, um einen Schritt zurückzutreten und neue Erkenntnisse über Leapfrogging-Manöver oder strategische Innovationen zu gewinnen, die die Art und Weise, wie Sie auf den Markt gehen, verändern können. Fühlen Sie sich nicht durch Ihre ursprüngliche Stellenbeschreibung

eingeengt. Wenn Ihnen eine Lücke im strategischen Angebot des Unternehmens auffällt, sollten Sie dies mit Ihrem Chef oder Ihrer Chefin besprechen und vielleicht eine Präsentation ausarbeiten, die Sie den leitenden Mitarbeitenden vorlegen können. Seien Sie ehrgeizig für sich selbst, Ihr Team und Ihr Unternehmen. Sorgen Sie für ein Gleichgewicht zwischen Ihrem Enthusiasmus für einen starken Start und der Angeberei oder dem Ärgern von anderen.
Achten Sie darauf, dass Ihren Einsichten echte Absichten zugrunde liegen und sie nicht nur dazu dienen, anderen zu beweisen, wie clever Sie sind. Ersteres kommt von einem Ort der Stärke und Intelligenz, letzteres kommt von einem Ort der Unsicherheit und kann sich schnell auflösen oder nach hinten losgehen, wenn Sie die Leute auf die falsche Weise reizen.

10 Sind Sie und Ihre Vorgesetzten einer Meinung?
Im Idealfall sind Sie und Ihre Vorgesetzten sich einig darüber, was erreicht werden muss und auf welche Weise. Selbst wenn Sie sich über die Vorgehensweise nicht einig sind, sollten Sie sich zumindest darüber einig sein, was in Bezug auf die Richtung erreicht werden muss. Es ist wichtig, dass Sie sich in den ersten 100 Tagen regelmäßig bei Ihren Vorgesetzten melden, denn sie sind Ihre wichtigsten Fürsprechenden, wenn sie die Entscheidung getroffen haben, Sie einzustellen. Der Erfolg Ihrer Vorgesetzten und Ihr Erfolg sind untrennbar miteinander verbunden. Je besser Sie sich abstimmen und je besser Sie zusammenarbeiten, desto besser für Sie und den Erfolg Ihrer ersten 100 Tage.

Seien Sie teamfähig in ihrem Managementteam. Vielleicht können Sie Ihren Vorgesetzten anbieten, ihnen etwas Arbeit abzunehmen oder als Mitglied des Managementteams zusätzliche Aufgaben zu übernehmen. Seien Sie konsequent. Seien Sie dramafrei. Tun Sie, was Sie versprechen. Und, ganz wichtig, seien Sie Ihren Vorgesetzten gegenüber loyal – lassen Sie sich nicht auf Klatsch und Tratsch über Ihre neuen Vorgesetzten ein. Bringen Sie Ihre Vorgesetzten nicht in Verlegenheit, indem Sie sie bei Besprechungen vor den anderen herausfordern. Sie können sie herausfordern, aber seien Sie immer konstruktiv. Wenn Sie Probleme ansprechen, bringen Sie auch Ideen für Lösungen ein.

First100™-Fallstudie

> **„Erinnern wir uns: Was genau ist Führung?"**

Ashley war nun zwei Monate in seiner neuen Rolle. Er hatte das Gefühl, dass er große Fortschritte gemacht hatte und sich in der Realität seiner Rolle zurechtfand. Es war zwar nicht ganz so, wie er es sich vorgestellt hatte (es war schwieriger), aber einige Dinge, an denen er gearbeitet hatte, begannen sich zu verfestigen und Früchte zu tragen, zum Beispiel wie er mit seinen wichtigsten Interessengruppen umging, wie er sein Team organisierte und wie er mit einer größeren Gruppe von Menschen kommunizierte. Vor allem aber fühlte sich Ashley geerdet, war sich der Herausforderungen bewusst und sein Selbstvertrauen wuchs.

Wenn man darüber nachdenkt, war er vielleicht etwas zu selbstgefällig in seine Sitzung nach 60 Tagen gegangen, denn seine Coachin führte ihn direkt auf das Wesentliche zurück – um ihn wieder daran zu erinnern, worum es bei Führung geht.

Coaching-Notizen nach 60 Tagen

Denken Sie daran, Ashley, das Wort „Führung" ist ein überstrapazierter und vielfach missverstandener Begriff, vielleicht wie das Wort „Eltern". Sie können zum Beispiel „Eltern" werden, indem Sie einfach Kinder haben, aber das bedeutet nicht, dass Sie gute Eltern sind. Und es bedeutet auch nicht, dass Sie schon alles können und nichts mehr zu lernen haben. Alle, die eine Führungsposition innehaben, halten sich für Führungspersönlichkeiten und doch habe ich noch nie eine wirkliche Führungspersönlichkeit getroffen, die dem Standard entsprach, den ich von jemandem in einer Führungsposition erwarten würde. Nur weil Sie eine Führungsposition innehaben und Dinge erledigen, heißt das noch lange nicht, dass Sie eine gute Führungskraft sind.

▶

Sie sind eine gute Führungskraft, wenn Sie in der Lage sind, konsequent:

- *eine klare Richtung vorzugeben*
- *die Menschen mitzunehmen*
- *die richtigen Ergebnisse zu erzielen.*

Was meine ich mit „eine klare Richtung vorgeben"?

Verstehen alle in Ihrem Team die Unternehmensvision, die Geschäftsstrategie, die ersten und nächsten Schritte in Bezug auf ihre Rolle und ihren Beitrag? Ist irgendetwas davon überhaupt vorhanden?

Was meine ich mit „die Menschen mitnehmen"?

Folgen Ihnen die Menschen, weil sie es müssen, weil sie Angst haben, ihren Arbeitsplatz zu verlieren, weil sie wie Schafe sind, die nicht eigenständig denken und keine Herausforderung suchen, oder weil sie Ihnen zutiefst vertrauen und respektieren, dass Sie sie in die richtige Richtung führen?

Was meine ich mit „die richtigen Ergebnisse erzielen"?

War die Richtung richtig, so dass die Menschen Ihnen zu Recht gefolgt sind? Wir wissen das erst, wenn wir sehen, dass Sie die richtigen Ergebnisse erzielen können. Es hat keinen Sinn, einen Weg einzuschlagen und andere davon zu überzeugen, ihm zu folgen, wenn das bedeutet, dass alle am falschen Ort mit den falschen Ergebnissen landen.

Als Ashley die Coaching-Notizen weglegte, erinnerte er sich an die abschließenden Bemerkungen seiner Coachin, als er den Raum verließ:

„Denken Sie daran – eine gute Führungspersönlichkeit zu sein, bedeutet eine ständige Verpflichtung und fortwährende Reise. Sie sind nie fertig."

2 Bitten Sie um Feedback zu Ihrer Leistung

Jemand hat einmal gesagt, dass das Problem mit dem Feedback darin besteht, dass niemand es wirklich geben und niemand es wirklich erhalten möchte. Ich behaupte immer, dass es besser ist, zu wissen, was die Leute über Sie denken. Im Kontext der ersten 100 Tagen ist es besser, dies eher früher als später zu wissen, falls es ein Problem mit dem Führungsstil oder unbewusste kulturelle Fauxpas gibt, die Sie an produktiveren Beziehungen zu Ihren Interessengruppen und einer höheren Leistung hindern.

Sie müssen sich darüber im Klaren sein, dass Sie, sobald Sie der Chef oder die Chefin sind, nicht mehr die Wahrheit darüber hören, was um Sie herum wirklich vor sich geht. Normalerweise wollen die Leute nur ihren Vorgesetzten gefallen und ihnen gute Nachrichten überbringen. Sehr oft reagieren die Vorgesetzten nämlich mit Wut – und bestrafen sogar diejenigen, die die Botschaft überbringen –, wenn sie schlechte Nachrichten hören. Seien Sie also vorsichtig, wie Sie als Chef oder Chefin auf schlechte Nachrichten reagieren – oder Sie werden sie nie wieder hören.

Falls Sie sich nicht die Mühe machen, Informationen zu sammeln, bleibt das Feedback Ihrer Vorgesetzten in den ersten 100 Tagen in der Regel nur oberflächlich: „Sie machen einen tollen Job, machen Sie einfach weiter." Das ist eine faule Floskel, die die Leute benutzen, wenn sie nicht darüber nachgedacht haben und denken, dass Sie einfach nur Ermutigung und kein wirkliches Feedback wollen. Leider gibt es in Unternehmen nur selten eine Kultur des gesunden Feedbacks, so dass sich Ihre Vorgesetzten vielleicht nicht wohl fühlen oder nicht in der Lage sind, Ihnen nützliches Feedback zu geben. Außerdem sind sie diejenigen, die Sie eingestellt haben. Sie haben also ein zu großes Interesse an Ihrem Erfolg und werden übermäßig motiviert sein, in dieser Phase eher die positiven Seiten an Ihnen zu sehen als die Schwächen. Sie müssen sich darüber im Klaren sein, dass Ihre Vorgesetzten immer noch versuchen, ihre Einstellungsentscheidung vor ihren eigenen Vorgesetzten zu rechtfertigen.

Es wäre reifer und bodenständiger von Ihnen, diese Dynamik zu akzeptieren und andere Wege zu finden, um echtes Feedback zu Ihrer Leistung in den ersten 100 Tagen zu erhalten.

Bitten Sie nicht um Bestätigung, sondern um Feedback

Sie müssen sich ganz bewusst darum bemühen, echtes Feedback zu erhalten. Fragen Sie nicht so, dass die Leute denken, Sie wollten sich absichern. Fragen Sie auf eine Art und Weise, die zeigt, dass Sie wirklich nach ehrlichem Feedback suchen. Sie können formell um Feedback bitten, zum Beispiel im Rahmen von 360-Grad-Leistungsbeurteilungen im Unternehmen. Oder fragen Sie informell, indem Sie Ihre Mitarbeitenden bitten, offen zu sagen, was Sie gut und was Sie nicht so gut machen – und lassen Sie sie wissen, dass Sie diejenigen nicht bestrafen werden, die die Botschaft überbringen.

- Achten Sie darauf, wenn mehr als eine Person Ihnen dasselbe sagt – wenn die Botschaft konsistent ist, dann ist sie wahrscheinlich wahr (oder die Wahrnehmung ist wahr).
- Sobald Ihnen jemand ein Feedback gibt und egal, ob Sie mit dem, was die Person sagt, einverstanden sind oder nicht, bedanken Sie sich immer und sagen Sie (wenn Sie es verkraften können): „Können Sie mir mehr sagen." Statt in die Defensive zu gehen, sollten Sie in einen forschenden oder neugierigen Modus wechseln, um herauszufinden, was die Person wirklich sagen will. Behandeln Sie ehrliches Feedback wie ein Geschenk und nehmen Sie es nicht persönlich, wenn Ihnen nicht gefällt, was Sie hören. Das Feedback bezieht sich auf Ihr Führungsverhalten oder Ihre Fähigkeiten, also auf Dinge, die Sie ändern können.
- Seien Sie aufmerksam, hören Sie aktiv zu, um zu erfahren, was die Leute wirklich sagen. Was sagen sie zum Beispiel „über der Oberfläche' und was meinen sie wirklich „unter der Oberfläche"? Es ist zu 100 Prozent wahr, dass Taten mehr sagen als Worte. Hören Sie also zu, was die Leute sagen, und beobachten Sie, wie die Leute auf Sie reagieren. Wenn man Ihnen zum Beispiel aus dem Weg geht, sollten Sie sich selbst für unnahbar halten.
- Arbeiten Sie mit Coachenden, deren Aufgabe es ist, Ihnen zu helfen, Ihre blinden Flecken zu reduzieren.

Sie können jemanden aus Ihrer Personalabteilung fragen oder einen Executive Coach bzw. eine Executive Coachin einstellen, um Ihre Feedback-Übung nach 60 Tagen durchzuführen. Allein die Durchführung einer formellen Feedback-Übung nach 60 Tagen signalisiert Ihren Interessengruppen und Ihrem Team, dass Sie ernsthaft daran interessiert sind, Ihre Fortschritte zu überwachen. Diese Offenheit ist an sich schon ein großer Gewinn für Ihre Führung und Ihre Interessengruppen werden von Ihrer Bereitschaft, frühes Feedback einzuholen und es ernst zu nehmen, sehr beeindruckt sein. Natürlich sollte der größere Gewinn darin bestehen, das Feedback tatsächlich zu erhalten und es zu nutzen, um Sie über Wahrnehmungsweisen zu informieren, Ihre blinden Flecken zu verringern und Ihre Erfolgschancen in dieser Organisation innerhalb der ersten 100 Tage und der ersten 12 Monate zu erhöhen.

Im Folgenden finden Sie einen Vorschlag für eine effektive Vorlage, die von einer dritten Person verwendet werden kann, um eine nützliche 360-Grad-Übung mit Ihrem Team (all Ihren direkten Untergebenen), Ihren Kollegen und Kolleginnen (nur zwei oder drei) und Ihren wichtigsten höherrangigen Stakeholdern und Stakeholderinnen (Ihren Vorgesetzten und deren Vorgesetzten) und Externen (nur zwei oder drei, zum Beispiel Ihren wichtigsten Kunden und Kundinnen) durchzuführen.

Sie können über einen „360°-Blick" hinausgehen und das durchführen, was als „450" bekannt geworden ist, indem Sie sich auch Zeit für die Selbstreflexion nehmen, um blinde Flecken zu reduzieren. Dies geschieht am besten mit Hilfe professioneller Coachender, denn ohne die fachkundige Hilfe einer anderen Person fällt es uns schwer, über uns selbst hinauszuwachsen und unser eigenes selbstsabotierendes Verhalten zu erkennen.

Hier finden Sie ein Formular für das Feedback von Interessengruppen.

ABSCHNITT 1: EINFLUSS DER FÜHRUNG

Welchen Gesamteindruck haben Sie von dem bisherigen Einfluss der Person als Führungskraft?

ABSCHNITT 2: FÜHRUNGSQUALITÄTEN	*Rank the recently appointed leader's skills as high, medium or low, and why*
Zu Vision und Strategie – *Gibt eine klare Richtung vor*	
Zu Menschen und Teams – *Nimmt die Menschen mit*	
Zu Ergebnissen und Leistungen – *Erzielt die richtigen Ergebnisse*	

ABSCHNITT 3: RATSCHLÄGE UND TOP-TIPPS

Welche Vorschläge und Tipps können Sie der kürzlich ernannten Führungskraft für ihr weiteres Vorgehen geben?

Wie Sie im Übungsformular zum Feedback nach 60 Tagen sehen werden, halte ich die Fragen absichtlich sehr einfach und offen. Ich möchte, dass Sie echtes Feedback erhalten, indem Sie Ihren Stakeholdern und Stakeholderinnen die Freiheit geben, ihre Meinung zu äußern und nicht durch eine vorgegebene Reihe von Leitfragen oder eine Checkliste behindert zu werden.

Es handelt sich nicht um die übliche Leistungsbeurteilung in einem Unternehmen. Hier geht es darum, die Gelegenheit zu ergreifen, wirklich freie, unverfälschte Meinungen von anderen zu hören. In der Regel werden andere ihr Feedback natürlich aus Selbsterhaltungstrieb anpassen – insbesondere Ihre Teammitglieder –, weil sie Sie noch nicht gut genug kennen, um darauf vertrauen zu können, wie Sie auf ein sehr offenes Feedback reagieren würden. Deshalb brauchen Sie eine professionelle dritte Person, die zwischen den Zeilen liest und Ihnen hilft, zu verstehen, was gesagt wurde und manchmal – was noch interessanter ist – was nicht gesagt wurde und was sich daraus ableiten lässt.

3 Entwickeln Sie Ihre Resilienz und Ihren Einfallsreichtum

Der Druck der ersten 60 Tage des Übergangs kann Sie wirklich an Ihre Grenzen bringen. Nehmen wir uns also einen Moment Zeit, um über Ihre emotionale Widerstandsfähigkeit nachzudenken und einige Bewältigungsstrategien zu überprüfen. Resilienz ist die Fähigkeit einer Person, mit Druck, Veränderungen und Stress umzugehen oder sich an diese anzupassen. Man kann mit Fug und Recht behaupten, dass der moderne Arbeitsplatz voller Schocks auf der Makroebene und täglicher Belastungen auf der Mikroebene ist, so dass Sie zweifellos im Laufe der Zeit eine Menge persönlicher emotionaler Widerstandsfähigkeit aufgebaut haben. Nehmen wir uns jedoch einen Moment Zeit, um zu dekonstruieren, was wir unter Resilienz verstehen, um uns weiterzubilden und diese unverzichtbare Führungsqualifikation in den ersten 100 Tagen zu stärken.

RESILIENZ

Resilienz bedeutet Engagement, Ausdauer, eine positive Einstellung und die Fähigkeit, wieder auf die Beine zu kommen:

- Engagement – Ihre Entschlossenheit, durchzuhalten statt sich zurückzuziehen
- Ausdauer – Ihre Fähigkeit, es weiter zu versuchen

- Positive Einstellung – Ihre Bereitschaft, Wachstum und Lernmöglichkeiten zu erkennen
- Wieder auf die Beine kommen – Ihre Fähigkeit, sich zu erneuern und nach Rückschlägen noch stärker zurückzukommen

Resilienz ist keine Eigenschaft, die einigen Menschen verliehen wird und anderen nicht. Sie ist ein erlernter aktiver Prozess. Sie können und müssen Ihre Widerstandsfähigkeit weiterentwickeln, wenn Sie die ersten 100 Tage gut überstehen und eine großartige Führungslaufbahn einschlagen wollen.

Wie Sie Ihren eigenen persönlichen Werkzeugkasten zur Förderung der Resilienz am Arbeitsplatz entwickeln können:

- Bleiben Sie motiviert und konzentrieren Sie sich auf das, was wirklich wichtig ist.
- Seien Sie nicht perfektionistisch – das ist sehr anstrengend.
- Lassen Sie sich eine dickere Haut wachsen und akzeptieren Sie, dass alle Fehler machen und niemand perfekt ist.
- Nehmen Sie das Unbehagen hin – manchmal muss man einfach abwarten, bis eine Lösung gefunden ist.
- Bewahren Sie ein starkes Selbstvertrauen und seien Sie zuversichtlich, dass Sie Probleme lösen können.
- Konzentrieren Sie sich auf das Positive und finden Sie heraus, was an dieser problematischen Situation gut ist.
- Setzen Sie sich hohe Ziele, aber seien Sie realistisch und stoisch, wenn Sie nicht alle Ihre Ziele erreichen können.
- Vermeiden Sie es, die Perspektive zu verlieren und aus jedem Problem ein Drama zu machen.
- Selbstgespräche und Mantras können in stressigen Situationen sehr hilfreich sein: *„Auch das wird vorübergehen"*, *„Es gibt immer eine Lösung"* oder *„Ist das im Großen und Ganzen wirklich wichtig?"*
- Sprechen Sie über Themen, denn Probleme erscheinen weniger unüberwindbar, wenn wir sie einmal ausgesprochen haben.
- Bitten Sie um Hilfe und holen Sie sich Ideen aus der Perspektive anderer.

EINFALLSREICHTUM

Ich finde, Einfallsreichtum ist eine Eigenschaft, über die viel weniger gesprochen wird als über Widerstandsfähigkeit, und doch ist sie genauso wichtig. Bei Einfallsreichtum geht es um die kreative Fähigkeit, Probleme zu überwinden und mit dem Vorhandenen auszukommen, um eine Lösung zu entwickeln. Nehmen Sie nicht alles für bare Münze, sondern überlegen Sie: Gibt es einen anderen Weg, ein Problem zu umgehen?

Bei Einfallsreichtum geht es um Problemlösung, Kreativität und Anpassungsfähigkeit:

- Problemlösung – Ihre Fähigkeit, schnelle und clevere Lösungen zu finden.
- Kreativität – seien Sie offen für eine Reihe von Möglichkeiten.
- Anpassungsfähigkeit – die Fähigkeit, sich anzupassen, um Ergebnisse zu erzielen, auch wenn sich die Spielregeln ändern.

Einfallsreichtum ist die Fähigkeit, schnelle und clevere Wege zur Überwindung von Schwierigkeiten zu finden. Er erfordert kreatives und bewegliches Denken. Wie Resilienz ist er eine Fähigkeit, die aktiv erlernt werden kann – und als Menschen verfügen wir alle über ein gewisses Maß an Einfallsreichtum, wenn es ums Überleben und Gedeihen geht, Sie haben ihn also definitiv. Seien Sie einfach aufmerksamer, um ihn zu nutzen.

Entwickeln Sie Ihren eigenen persönlichen Werkzeugkasten zur Förderung des Einfallsreichtums bei der Arbeit:

- Werden Sie gut darin, eine Situation und Ihre Möglichkeiten zur Bewältigung der Probleme einzuschätzen. Prüfen Sie, ob Sie es mit dem Problem oder einem Symptom eines größeren Problems zu tun haben. Ist die Lösung des Symptoms nur eine „Brandbekämpfung"? Sie müssen Ihre Ressourcen auch auf die Lösung des größeren Problems konzentrieren.
- Denken Sie kreativ – gibt es einen anderen Weg? Passen Sie Ihre Ideen und bisherigen Erfahrungen an, um neue Ideen einzubringen.

- Wenn Ihnen jemand eine Grenze setzt, wehren Sie sich – nehmen Sie das erste Nein nicht als endgültige Antwort.
- Verhandeln Sie besser – wie können Sie erreichen, was Sie wollen, und wie können Sie erreichen, dass auch die andere Person gewinnt?
- Wer kann sonst noch helfen? Überlegen Sie, wer Zugang zu den Ressourcen hat, die Sie benötigen. Können Sie sich zum Beispiel vorübergehend jemanden aus einem anderen Team ausleihen?
- Seien Sie bereit, die Regeln zu beugen – manchmal ist es besser, später um Vergebung zu bitten, als im Voraus um Erlaubnis zu fragen, wenn Sie wissen, dass Sie eine Absage erhalten werden.
- Trauen Sie sich, um das zu bitten, was Sie wollen und brauchen – wer nicht bittet, der bekommt auch nichts.
- Halten Sie sich Ihre Optionen offen – spielen Sie mehrere Blätter gleichzeitig, damit Sie mehrere Möglichkeiten haben, das Problem zu lösen oder das Hindernis zu überwinden.
- Seien Sie offen für verschiedene Möglichkeiten, Chancen, Menschen, Ansichten, Vorschläge und Erfahrungen.
- Seien Sie proaktiv – es ist besser, etwas zu versuchen, als nichts zu tun. Kommen Sie und versuchen Sie etwas, versuchen Sie etwas anderes, versuchen Sie noch etwas anderes.

Manchmal scheinen Probleme unüberwindbar zu sein, aber es gibt immer eine Lösung. Wenn Sie es leid sind, sich mit einem schwierigen Problem zu beschäftigen, machen Sie eine Pause – geben Sie nicht einfach auf.

4 Executive Q&A: Beratung zu typischen Fragen und Szenarien nach 60 Tagen

Executive Q&A

Q: Ich habe meine Chefin um Feedback gebeten und sie sagte: „Machen Sie weiter, Sie machen das toll." Ich möchte nicht bedürftig wirken, wenn ich um ein formelleres Feedback bitte. Was meinen Sie dazu?

A: *Der Kommentar Ihrer Chefin ist kein wirkliches Feedback. Er informiert Sie nicht darüber, was Sie gut machen, und gibt Ihnen nichts Konstruktives, an dem Sie arbeiten könnten. Es ist eine dieser Floskeln, die die meisten Vorgesetzten in den ersten Monaten zur Beruhigung ihrer neuen Mitarbeitenden verwenden. Unsichere neue Mitarbeitende lieben das, aber es bedeutet nicht wirklich etwas. Vielleicht ist es nicht einmal wahr. So beiläufig ist diese Art von Satz.*

In diesem Szenario ist die Chefin sehr mit ihrer eigenen Prioritätenliste beschäftigt. Sie glaubt, dass Sie ein kleines Problem mit Ihrem Selbstvertrauen haben, und möchte Ihnen etwas Motivierendes sagen. Es geht also nur um eine Beruhigung und nicht um Feedback. Um in Ihren ersten 100 Tagen ein angemessenes Feedback zu erhalten, schlage ich vor, dass Sie Ihrer Chefin klar machen, warum Sie darum bitten und wozu Sie konkret Feedback wollen. Verwenden Sie das Feedback-Formular, das Sie weiter oben in diesem Kapitel finden, als nützlichen Anfang.

Q: Ich habe die Auswirkungen auf mein Privatleben unterschätzt, die das neue Pendeln und die viele Arbeit am Wochenende mit sich bringen. Obwohl ich mich sehr über die neue Aufgabe freue, frage ich mich langsam, ob ich die negativen Auswirkungen auf mein Familienleben aushalten kann.

A: *Die ersten 100 Tage sind eine vorübergehende Phase, in der alles neu ist und es so viel zu lernen gibt – und Sie begierig darauf sind, zu beeindrucken. Daher verbringen Sie natürlich mehr Zeit auf der Arbeit und müssen sich beweisen. Das wird sich legen, wenn Sie sich mit Ihrer neuen Rolle, den neuen Interessengruppen und sogar Ihrem neuen Arbeitsweg besser zurechtfinden. Betrachten Sie die ersten 100 Tage als eine Zeit der Anpassung für alle – für Sie und Ihre Lieben –, während Sie versuchen, eine neue Normalität zu finden.*

Wenn Sie verstehen und zu schätzen wissen, dass dies nur vorübergehend ist, haben Sie eine bessere Perspektive. Erklären Sie dies auch Ihrem Partner oder Ihrer Partnerin und Ihren Kindern. Sie denken vielleicht, dass dies jetzt der neue Normalzustand ist, aber erklären Sie ihnen, dass es sich nur um eine Übergangsphase handelt und dass Sie sich in ein paar Monaten an eine normalere Routine gewöhnen werden. Bitten Sie um Verständnis für die Zeit der Anpassung.

Q: Mein Chef hat vorgeschlagen, dass ich die Verantwortung für einen ganz neuen Arbeitsbereich übernehmen könnte. Er möchte unbedingt, dass ich dem zustimme, aber ich habe schon so viel zu tun. Wie gehe ich am besten mit dieser Situation um, ohne ihn zu enttäuschen?

A: *Die ersten 100 Tage sind wie eine Art Flitterwochen und während Ihr Chef noch in Sie verliebt ist, wird sich diese Art von Gelegenheit ergeben. Ihr Chef ist wahrscheinlich so erleichtert, dass Sie angekommen sind und gute Arbeit leisten, dass er das Gefühl hat, Sie könnten die Antwort auf alle seine Probleme sein. Ich schlage vor, dass Sie sich bereit erklären, die zusätzliche Verantwortung zu übernehmen. Je mehr Verantwortung Sie tragen, desto mehr sind Sie gezwungen, zu führen und nicht zu „tun“. Je mehr Sie übernehmen, desto schneller werden Sie auf die nächste Führungsebene befördert. Aber seien Sie klug dabei – verhandeln Sie über ein zusätzliches Budget und mehr Personalressourcen.*

Ich ermutige meine Klienten und Klientinnen immer wieder, ihre Verantwortungsbereiche zu erweitern und ihre Führungsqualitäten zu verbessern, indem sie leistungsstarke Teams aufbauen und ihre Mitarbeitenden für die Einhaltung von Vereinbarungen zur Rechenschaft ziehen. Machen Sie sich keine Sorgen, dass Sie das nicht können. Wenn Sie ehrgeizig, belastbar und einfallsreich sind, werden Sie einen Weg finden. Die Alternative ist weniger attraktiv, nämlich wenn Sie die Gelegenheit ablehnen. Das zeugt von mangelnder Bereitschaft und mangelndem Weitblick. Es hilft Ihrem Chef nicht weiter und zeigt einen Mangel an Vertrauen in Ihre eigenen Führungsfähigkeiten. Seien Sie einfallsreich. Setzen Sie zum Beispiel einen neuen „Teamkapitän“ oder eine „Teamkapitänin“ für den neuen Verantwortungsbereich ein und überlegen Sie gemeinsam, wie Sie die Ressourcen dafür bereitstellen und die Aufgaben erfüllen können.

5 Kritische Erfolgsfaktoren für die nächsten 30 Tage: Tag 60–90

Im Folgenden finden Sie eine Zusammenfassung dessen, woran Sie in den nächsten 30 Tagen denken sollten:

- Lassen Sie das Team härter für Sie arbeiten.
- Bleiben Sie mit Ihren Leuten verbunden.
- Vergewissern Sie sich, dass Sie gute Arbeit leisten.
- Machen Sie sich bewusst, dass Sie beobachtet und kopiert werden.
- Schaffen Sie eine starke und positive emotionale Resonanz.
- Beginnen Sie damit, Ihre Fortschritte und Erfahrungen aufzuzeichnen.
- Aktualisieren Sie Ihren Plan für die ersten 100 Tage.

Sie haben nun mehr als zwei Drittel Ihrer ersten 100 Tage hinter sich. Hoffentlich fühlen Sie sich allmählich wohler in Ihrer Rolle und sicherer bei Ihrem Team und Ihren Interessengruppen. Anstatt auf die Ziellinie der 100 Tage zuzulaufen, ist es jetzt an der Zeit, aus all Ihren bisherigen guten Leistungen und Absichten Kapital zu schlagen.

Inzwischen haben Sie mehr Erfahrung damit, wie diese Kultur funktioniert und wie man die Dinge hier erledigt. Wie einfallsreich können Sie in den nächsten 30 Tagen sein, damit die Kultur für Sie funktioniert? Verdoppeln Sie Ihre Anstrengungen und ernten Sie die Belohnungen. Es geht nicht nur um harte Arbeit, sondern auch um kluges Denken. Die Energie, die Sie in den nächsten 30 Tagen aufbringen, kann all Ihre bisherigen Bemühungen vervielfachen. In diesem Monat dreht sich alles um „zusätzliche Energie rein = exponentielle Energie raus" – je mehr Energie Sie in diesem Monat in Ihre Arbeit stecken, desto mehr Belohnung werden Sie ernten. Sie befinden sich jetzt an einem ganz besonderen Wendepunkt, an dem Sie genug Informationen und Erfahrungen über das Unternehmen haben sollten, um in den nächsten 30 Tagen exponentiell besser voranzukommen – also legen Sie los.

LASSEN SIE DAS TEAM HÄRTER FÜR SIE ARBEITEN

Nehmen Sie sich in den nächsten 30 Tagen die Zeit, effektiv mit Ihrem Team zu kommunizieren, um es an Ihre Vision zu erinnern und daran, was Sie bis zum Ende der ersten 100 Tage erreichen wollen. Ziehen Sie Ihre Mitarbeitenden für das, was sie versprochen haben, zur Verantwortung? Vielleicht wissen Sie ganz genau, was Sie erreichen wollen, aber ist Ihr Team mit an Bord oder arbeitet es langsamer, als Sie erwartet haben?

Inzwischen sollten Sie erwarten, dass Sie einige der zuvor vereinbarten Leistungen in Augenschein nehmen können. Überprüfen Sie den Fortschritt. Bitten Sie nicht nur um Bestätigung, sondern auch um einen Nachweis des Fortschritts. Möglicherweise müssen Sie mehr Anleitungen geben. Machen Sie dem Team klar, dass Fristen wichtig sind und dass Sie von den Mitarbeitenden erwarten, dass sie das einhalten, was sie versprochen haben. Es ist eine Schwäche von Führungskräften, eine klare Richtung vorzugeben, aber nicht nachzuprüfen, ob sie das Versprochene auch einhalten.

Ich stelle fest, dass Teamleitende manchmal keine Konflikte mögen und zu viele Verzögerungen oder Ausreden in Kauf nehmen, anstatt die Teammitglieder strenger zur Verantwortung zu ziehen. Die Abwesenheit von Konflikten ist genauso ungesund wie zu viele Konflikte. Als Leiter oder Leiterin des Teams müssen Sie Ihre Standards und Ansichten zum Ausdruck bringen und andere ermutigen, ihre Ansichten zu äußern. Wenn jemand seine Aufgaben nicht erfüllt, könnte es daran liegen, dass die Person nicht ganz verstanden hat, was Sie von ihr verlangt haben. Die Nichterfüllung kann also eher mit mangelnder Kommunikation als mit mangelnder Bereitschaft zusammenhängen.

BLEIBEN SIE MIT IHREN LEUTEN VERBUNDEN

In den letzten 60 Tagen ging es bei Ihren Interaktionen mit den meisten Menschen wahrscheinlich hauptsächlich um ein einfaches Kennenlernen und Begrüßen – oberflächliche Einführungen und oberflächliche Interaktionen. Gehen Sie jetzt in die Tiefe und nehmen Sie sich die Zeit, bewusst an der Verbesserung Ihrer Beziehung zu Ihrem Team und den Interessengruppen zu arbeiten.

Versuchen Sie, jetzt bewusst eine tiefere Verbindung zu den Menschen um Sie herum einzugehen. Damit meine ich, dass Sie mehr preisgeben, mehr zuhören, mehr Zeit investieren und die Beziehung auf die nächste Stufe heben. Ich will damit nicht sagen, dass Sie eine Person sein müssen, die Sie nicht sind – oder dass Sie mit allen befreundet sein müssen –, aber was ich sagen will, ist, dass Sie Ihren eigenen Weg finden müssen, um Ihre Arbeitsbeziehungen auf die nächste Stufe zu heben.

Vielleicht ist es an der Zeit, ein gesellschaftliches Ereignis vorzuschlagen, zum Beispiel ein Frühstück mit Ihrem Team an einem Freitag. Soziale Interaktionen helfen Ihnen, Menschen schneller kennenzulernen, und können zu mehr Erfüllung bei der Arbeit führen. Wenn Sie neue externe Mitarbeitende sind, werden Sie sich umso mehr zugehörig und weniger isoliert fühlen, je mehr Sie die Leute kennenlernen und je weniger Sie sich wie Neulinge fühlen.

VERGEWISSERN SIE SICH, DASS SIE GUTE ARBEIT LEISTEN

Meiner Erfahrung nach sind Führungskräfte in ihren ersten 100 Tagen (verständlicherweise) sehr unsicher. Wenn sie nicht spontan und regelmäßig Bestätigung von anderen erhalten, können sie ihre Ängste auf alle möglichen wenig hilfreichen Arten ausleben, einschließlich zu viel Arroganz und zu viel Eigenlob. Die meisten ehrgeizigen Menschen sind Überflieger und Überfliegerinnen und immer unzufrieden damit, dass sie nicht gut genug sind und keinen Erfolg haben. Oder schlimmer noch, sie fühlen sich, als würden sie versagen, egal was sie erreichen.

Gehören Sie nicht zu diesen Menschen. Ändern Sie das Spiel – finden Sie Wege, sich selbst zu versichern, dass Sie Fortschritte machen, so dass Sie nicht ständig auf Lob von anderen angewiesen sind oder ständig mit einem versteckten Fragezeichen am Ende jedes Satzes über Ihre Fortschritte sprechen müssen. Versuchen Sie, Ihre innere Kritik zu zügeln. Lassen Sie sich nicht von angstbasierten Gedanken kontrollieren. Erinnern Sie sich daran, was Sie bereits erreicht haben. Sehen Sie Ihre Aussichten positiv. Vergeben Sie Ihre Fehler. Haben Sie weiterhin den Mut, Risiken einzugehen.

MACHEN SIE SICH BEWUSST, DASS SIE BEOBACHTET UND KOPIERT WERDEN

Ihre Interessengruppen, insbesondere Ihre Teammitglieder, werden Sie mit Interesse beobachten und darauf achten, was Sie tun und sagen. Untergebene spiegeln und kopieren bewusst und unbewusst das Verhalten der Führungskraft und jetzt ist die Zeit, in der Sie das, was ich den „Multiplikatoreffekt" der Führung nenne, wirklich nutzen können – um einen Welleneffekt auf positive Verhaltensweisen bei anderen und einen Welleneffekt positiver Emotionen bei anderen zu erzeugen. All dies wird die Moral, die Motivation und die Leistung Ihres Teams und der Menschen um Sie herum verbessern.

Alle achten auf den Anführer oder die Anführerin. Wenn alle Menschen, die für Sie arbeiten, Ihrer Führung folgen und alle, die für diese Menschen arbeiten, deren Führung folgen, ist der Kaskadeneffekt als Veränderungsmechanismus extrem mächtig und er beginnt mit Ihnen. Machen Sie sich diesen Multiplikatoreffekt zu eigen und nutzen Sie ihn zu Ihrem Vorteil. Konzentrieren Sie sich darauf, eine Sache an sich selbst zu ändern – eine Qualität, eine Eigenschaft, einen Standard, ein Verhalten oder eine Norm – und das wird einen Multiplikatoreffekt auf alle um Sie herum haben.

Als Führungskraft des Teams kann Ihr Multiplikatoreffekt sowohl positiv als auch negativ sein. Sie legen bereits positive Verhaltensweisen an den Tag, die für Sie selbstverständlich sind, aber was ist mit Ihren negativen Verhaltensweisen? Leider werden alle Ihre negativen Eigenschaften ebenfalls kopiert, multiplizieren sich und verursachen Probleme. Als Führungskraft müssen Sie also darauf achten, Ihre negativen Verhaltensweisen zu ändern. Finden Sie heraus, wo sich eine Ihrer schlechtesten Verhaltensweisen auf die Leistung Ihres Plans für die ersten 100 Tage auswirkt, und beschließen Sie, sie zu ändern.

Es könnte zum Beispiel sein, dass Sie sehr schnell vorankommen wollen, aber nicht ausreichend auf die Moral Ihres Teams achten. Sprechen Sie mit Ihrem Team darüber. Teilen Sie mit, dass Sie das Gefühl haben, dass Sie diesen Bereich bei der Führung früherer Teams versehentlich vernachlässigt haben. Erklären Sie, dass Sie jetzt umsichtiger vorgehen wollen und offen für Ideen sind, wie Sie die Moral Ihres Teams aufrechterhalten und gleichzeitig pünktliche und budgetkonforme Ergebnisse erzielen können.

SCHAFFEN SIE EINE STARKE UND POSITIVE EMOTIONALE RESONANZ

Denken Sie darüber nach, wie Sie das schaffen können, was als „positive Resonanz" bezeichnet wird – erzeugen Sie bewusst positive, motivierende Emotionen in Ihrem Team. Stellen Sie sich Ihr Team als eine gemischte Suppe von Emotionen vor. Als Führungskraft haben Sie das meiste Aroma oder die meiste Würze in der Suppe Ihres Teams – und Sie können entscheiden, was dieses Aroma ist und wie stark es sein darf. Wenn Sie und Ihr Team zum Beispiel vor Kurzem einen Markterfolg hatten, können Sie dies für eine Feier nutzen. Nutzen Sie bewusst den Wohlfühlfaktor des Erfolges. Können Sie sich beispielsweise Presse- und Online-Berichterstattung sichern, um den Erfolg hervorzuheben und die Moral und Motivation der Mitarbeitenden so *lange* wie möglich aufrechtzuerhalten?

Alle möchten das Gefühl haben, Teil von etwas Wichtigem und Aufregendem zu sein. Die Motivation jedes Individuums steigt, wenn es das Gefühl hat, Teil eines Gewinnerteams zu sein. Feiern Sie also Ihre ersten Erfolge und geben Sie jedem Teammitglied und allen neuen Mitarbeitenden das Gefühl, Teil dieser Feier zu sein.

Achten Sie auf den viralen Effekt all Ihrer emotionalen Höhen und Tiefen. Die ersten 100 Tage sind eine intensive Zeit, in der Ihre emotionalen Reaktionen natürlich verstärkt sein werden. Sie brauchen eine gute Selbstwahrnehmung, um zu erkennen, wann diese gesteigerten Emotionen die Oberhand gewinnen, und Sie müssen sich in Selbstregulierung üben, um diese Emotionen zu steuern und zu überwinden.

Es kann sein, dass Sie in den ersten Wochen der ersten 100 Tage extrem optimistisch sind – und diese Gefühle können so übertrieben sein, dass Sie den Bezug zur wirtschaftlichen Realität verlieren und zu viele Versprechungen machen, was die Ergebnisse zum Jahresende angeht. Ihr Team wird Ihnen das nicht danken. Oder Sie fühlen sich zu Beginn der ersten

100 Tage ängstlich – und wenn Sie nicht in der Lage sind, diese Angst in den Griff zu bekommen, dann werden Sie Entscheidungen eher aufschieben. Das wird Ihren Ruf als Führungskraft nicht verbessern und andere könnten das Vertrauen in Sie verlieren.

BEGINNEN SIE DAMIT, IHRE FORTSCHRITTE UND ERFAHRUNGEN AUFZUZEICHNEN

In diesem mittleren Abschnitt sind oft die größten Fortschritte zu verzeichnen. Es ist eine gute Idee, diese Fortschritte, die gemachten Erfahrungen und die wichtigsten Erkenntnisse aufzuschreiben und festzuhalten. Am Ende Ihrer ersten 100 Tage empfehle ich Ihnen, Ihren Vorgesetzten und den wichtigsten Interessengruppen eine formelle Bilanz Ihrer Leistungen vorzulegen. Es lohnt sich also, jetzt schon Notizen zu machen, um sich vorzubereiten und um sicherzustellen, dass sich der gesamte Weg Ihrer ersten 100 Tage in Ihrer Präsentation widerspiegelt und nicht nur die Fortschritte der letzten zehn Tage.

AKTUALISIEREN SIE IHREN PLAN FÜR DIE ERSTEN 100 TAGE

Überprüfen Sie jedes gewünschte Ergebnis und justieren Sie die Aktionen für die nächsten 30 Tage neu, basierend auf den Erfahrungen der ersten 60 Tage und auf den folgenden Punkten:

- Eine Überprüfung der Fortschritte gegenüber dem Plan
- Eine Kontrolle anhand der Checkliste für die ersten 60 Tage
- Integration des Feedbacks, das Sie zu Ihrer Führungsleistung erhalten haben
- Einblicke, wie Sie resilienter und einfallsreicher werden können
- Kritische Erfolgsfaktoren für die nächsten 30 Tage

Dritter Teil

Ende

Die Psychologie sagt, dass ein Ende immer schmerzhaft ist, ob man sich dessen bewusst ist oder nicht. Im Taoismus sagt man weise, dass jedes Ende einfach ein neuer Anfang ist. Diese Erkenntnisse sind miteinander verknüpft, denn um zu vermeiden, sich einem neuen Anfang zu stellen, vermeiden es manche Menschen, die Dinge zum richtigen Zeitpunkt zu Ende zu bringen. In der Tat hatte ich eine Kundin, die immer noch an ihrem Plan für die ersten 100 Tage arbeitete, als sie bereits sechs Monate im Amt war. Andere finden den First100-Prozess und die Methodik so hilfreich und beruhigend, dass sie, wenn ihre ersten 100 Tage vorbei sind, einen weiteren 100-Tage-Plan schreiben wollen und dann noch einen – aber das passt nicht zum Rhythmus des Lebenszyklus Ihrer Rolle. Sie können keine ständigen 100-Tage-Sprints durchhalten. Es ist auch nicht strategisch und zu kurzfristig gedacht.

Nutzen Sie die letzten zehn Tage, um das Nötigste zu erledigen, und lassen Sie die letzten 90 Tage Revue passieren, um Lehren aus der Erfahrung zu ziehen. Feiern Sie die Erfolge, beklagen Sie die verpassten Chancen und ziehen Sie dann einen Schlussstrich unter die ersten 100 Tage. Wenn Ihre ersten 100 Tage buchstäblich zu Ende sind, sollten Sie Ihren Plan als abgeschlossen betrachten, unabhängig davon, ob Sie erreicht haben, was Sie sich vorgenommen haben, oder nicht. Ich bleibe dabei, denn Sie müssen mit den Anforderungen des Rhythmus Ihrer Rolle Schritt halten. Es ist angemessen, am Anfang zu sprinten, während Sie versuchen, alles aufzuholen, aber nach den ersten 100 Tagen müssen Sie zu Atem kommen und vom Sprint zum Marathon übergehen.

Beachten Sie auch, dass es selten vorkommt, dass eine Person alle gewünschten Ergebnisse ihres Plans vollständig erreicht. Niemand ist perfekt und kein Plan ist perfekt. Sie haben Ihr Bestes gegeben, jetzt schließen Sie ihn ab. Oder Sie haben nicht Ihr Bestes gegeben und müssen sich mit den Konsequenzen abfinden. Wie auch immer, schließen Sie Ihren 100-Tage-Plan ab und konzentrieren Sie sich auf Ihren zweiten Akt – die nächste Schlüsselphase im Lebenszyklus Ihrer Rolle.

In den nächsten beiden Kapiteln skizziere ich einen Ansatz und die wichtigsten Schritte, wie Sie die letzten Phasen Ihrer ersten 100 Tage angehen können und wie Sie in eine ganz neue Phase eintreten: den Beginn der verbleibenden Zeit Ihrer ersten 12 Monate in der Rolle.

@ Nach 90 Tagen

- Schreiben Sie Ihre To-do-Liste für zehn Tage
- Entscheiden Sie, wer bleibt und wer geht
- Halten Sie Ihre Erfolge fest und reflektieren Sie Ihre Erfahrungen
- Kommunizieren Sie den Erfolg Ihrer ersten 100 Tage an Ihre Interessengruppen
- Schließen Sie den Plan ab und feiern Sie mit Ihrem Team

1 Schreiben Sie Ihre To-do-Liste für zehn Tage

Überprüfung der Fortschritte gegenüber dem Plan

1 Überprüfen Sie Ihre gewünschten Ergebnisse für die ersten 100 Tage.

2 Sind Sie auf dem richtigen Weg, die gewünschten Ergebnisse zu erzielen?

3 Sind Sie dort, wo Sie nach 90 Tagen sein wollten?

4 Ziehen Sie nach 90 Tagen Bilanz darüber, was mit Ihrem Plan gut oder nicht gut funktioniert.

Sie haben nur noch zehn Tage Zeit … und was nun?

Nehmen Sie Ihren Plan für die ersten 100 Tage heraus und nehmen Sie sich Zeit für eine ernsthafte Überprüfung. Sie haben noch zehn Tage Zeit, um aufzuräumen und Ihren Plan für die ersten 100 Tage zu einem erfolgreichen Abschluss zu bringen.

- Haben Sie sich auf Ihre wichtigsten gewünschten Ergebnisse – Ihre wichtigsten Prioritäten – konzentriert?
- Haben Sie einige, alle oder keines Ihrer gewünschten Ergebnisse erreicht?
- Was können Sie in den nächsten zwei Wochen tun, um einen Schlussstrich unter bestimmte Aktivitätsphasen zu ziehen, um Fortschritte nachweisen zu können und um die Bilanz Ihrer ersten 100 Tage zu verfassen?

Verwenden Sie die folgende 90-Tage-Checkliste, um nicht nur die letzten 30 Tage, sondern die letzten 90 Tage zu reflektieren:

- Haben Sie alle Ergebnisse Ihres Plans für die ersten 100 Tage erreicht?
- Haben Sie die Grundlagen für den Rest Ihrer ersten 12 Monate im Amt gelegt?
- Sind Ihre Interessengruppen mit Ihrer Leistung zufrieden?
- Wird Ihr Team Sie respektieren?
- Wie bewerten Ihre Vorgesetzten Ihre Leistung?
- Hat der Markt von Ihnen gehört?
- Können Sie Ihre Quick Wins auflisten – sowohl qualitativ als auch quantitativ?
- Wie würden Sie Ihre eigene Leistung bewerten?
- Was haben Sie aus der ganzen Erfahrung gelernt?
- Haben Sie Spaß an der Sache?

@ 90 DAYS CHECKLIST

1 **Haben Sie alle Ergebnisse Ihres Plans für die ersten 100 Tage erreicht?**
Zu Beginn Ihrer ersten 100 Tage hatten Sie eine Reihe von Herausforderungen zu bewältigen und eine Reihe von gewünschten Ergebnissen zu erreichen. Wie haben Sie sich gegenüber dem Plan geschlagen? Wie hat sich Ihre Bilanz in den letzten 90 Tagen im Vergleich zu Ihren Zielen und Bemühungen entwickelt? Selbst wenn Sie den schwierigsten aller Übergänge hinter sich haben, werden Sie in den letzten drei Monaten Fortschritte gemacht haben. Nehmen Sie sich also die Zeit, all Ihre positiven Errungenschaften zu würdigen und festzuhalten.

2 **Haben Sie die Grundlagen für den Rest Ihrer ersten 12 Monate im Amt gelegt?**
Denken Sie daran, dass der Sinn eines beschleunigten Starts darin besteht, die richtige Grundlage für erfolgreiche erste 12 Monate und darüber hinaus zu legen. Sind Sie zufrieden, dass Sie Ihr Bestes gegeben haben, und was könnten Sie in den nächsten zehn Tagen tun, um es wirklich zu schaffen? Ein guter Start ist die halbe Miete, und wenn Sie strategisch vorgegangen sind, dann haben Sie in den ersten 100 Tagen die Grundlagen für Ihren langfristigen Erfolg gelegt.

3 **Sind Ihre Interessengruppen mit Ihrer Leistung zufrieden?**
Was sagen Ihre Interessengruppen inoffiziell zu Ihrer Leistung in den ersten 90 Tagen? Was sagt man über Sie – Ihre Vorgesetzten, Ihre Kollegen und Kolleginnen, Ihre direkten Mitarbeitenden, Ihr gesamtes Team und Ihre wichtigsten Kunden und Kundinnen? Die nächsten zehn Tage sind eine gute Gelegenheit, sich informell zu informieren und um Rat zu fragen. Sagen Sie zum Beispiel beim Mittagessen so etwas wie: „Ich bin jetzt schon 90 Tage hier, die Zeit vergeht wie im Flug. Wie ist Ihr allgemeines Gefühl, wie ich mich entwickelt habe? Haben Sie einen Ratschlag?“

Es wird die Menschen auch daran erinnern, dass Sie erst seit drei Monaten hier sind. Das wird ihnen Anlass geben, all die positiven Errungenschaften zu würdigen und innezuhalten, um fehlende Fortschritte oder frühe Fehler und kulturelle Fauxpas zu verzeihen. Übersehen Sie nicht, wie wichtig dieser Punkt ist. Sie wissen genau, wie lange Sie schon in Ihrer Rolle sind, aber andere sind nicht so genau, wenn es darum geht, den Überblick zu behalten. Also hilft es, darauf hinzuweisen, dass Sie noch relativ neu sind und noch lernen.

4 **Wird Ihr Team Sie respektieren?**
Es ist schneller und einfacher, Ihr Team dazu zu bringen, härter zu arbeiten, wenn es Sie mag und – was noch wichtiger ist – Sie respektiert. Ihr Team wird Sie respektieren, wenn es glaubt, dass Sie als neue Führungskraft einen Mehrwert schaffen, und wenn das Team unter Ihrer Führung bessere Leistungen erbringt. Die Frage, ob Sie respektiert werden, mag für Sie schwer zu beantworten sein, aber beginnen Sie damit, Ihre eigene Einstellung zu dieser Frage zu überprüfen. Versuchen Sie als der oder die „Neue" zu sehr, gemocht zu werden, während Sie sich eigentlich darauf konzentrieren sollten, eine starke Führungskraft zu sein und das Richtige zu tun, auch wenn das bedeutet, dass Sie schwierige Entscheidungen treffen müssen, die sich auf Ihre Mitarbeitenden auswirken?

5 **Wie bewerten Ihre Vorgesetzten Ihre Leistung?**
Welche Signale, ob positiv oder nicht, senden Ihre Vorgesetzten an Sie und andere aus, wenn es darum geht, wie sie Ihre Leistung bewerten? Wie unterstützend sind Ihre Vorgesetzten? Müssen Sie in den letzten zehn Tagen Ihrer ersten 100 Tage noch ein letztes Mal die Zeit oder die Dienste Ihrer Vorgesetzten in Anspruch nehmen?

6 **Hat der Markt von Ihnen gehört?**
Gab es zu Beginn Ihrer ersten 100 Tage eine formelle Ankündigung Ihrer Rolle auf dem Markt, um zu signalisieren, wie wichtig Ihre Rolle ist und dass Sie nun die Verantwortung für diese Rolle tragen? Jetzt ist der optimale Zeitpunkt, um eine weitere

Pressemitteilung darüber zu verfassen, was Sie in Ihren ersten 100 Tagen erreicht haben. Noch wichtiger ist, ob Ihr Markt von Ihnen gehört hat, d.h. ob Sie einen frühen Erfolg auf Ihrem Markt erzielt haben, der Ihrer Kundschaft zugutekommt oder bedeutet, dass Sie die Dynamik Ihrer Branche beeinflusst haben?

7 **Können Sie Ihre Quick Wins auflisten – sowohl qualitativ als auch quantitativ?**
Was waren die wichtigsten Erfolge seit Beginn Ihrer ersten 100 Tage? Das kann alles sein, von der Einstellung eines strategisch wichtigen Teammitglieds über frühe Verkaufserfolge bis hin zu einer verbesserten Bindung an Kunden und Kundinnen. Alle Erfolge sind wichtig und es kann sehr beruhigend sein, wenn Sie in dieser Phase damit beginnen, sie aufzulisten. Später in diesem Kapitel finden Sie eine Vorlage, mit der Sie Ihre Erfolge festhalten können, um sie am Ende Ihrer ersten 100 Tage Ihren Vorgesetzten und den wichtigsten Interessengruppen zu präsentieren.

8 **Wie würden Sie Ihre eigene Leistung bewerten?**
Lassen Sie die richtige Positionierung bei anderen für einen Moment beiseite und nehmen Sie sich Zeit für einen ehrlichen Moment der Selbstreflexion. Wie würden Sie Ihre eigene Leistung in den letzten 90 Tagen bewerten? Letztendlich können nur Sie die Anstrengungen, die Sie in diese neue Rolle gesteckt haben, und die echten Fortschritte, die Sie gemacht haben, wirklich bewerten. Was haben Sie gut gemacht und was haben Sie nicht gut gemacht?

9 **Was haben Sie aus der ganzen Erfahrung gelernt?**
Nehmen Sie sich eine Auszeit, um darüber nachzudenken, was Sie über sich selbst, Ihre Rolle, Ihr Unternehmen und Ihren Markt gelernt haben. Was wissen Sie jetzt, was Sie zu Beginn Ihrer ersten 100 Tage noch nicht wussten? Wenn Sie in letzter Zeit viel zu schnell unterwegs waren und nicht viel Zeit zum Nachdenken hatten, dann nehmen Sie sich in den nächsten zehn Tagen die Zeit dazu. Versuchen Sie, die hektische Betriebsamkeit der letzten 90 Tage durch Raum für produktive Überlegungen in den nächsten zehn Tagen auszugleichen, und Sie werden am Ende Ihrer ersten 100 Tage noch mehr Fortschritte machen.

10 Haben Sie Spaß an der Sache?
Eine neue Aufgabe ist ein wichtiger Meilenstein in der Karriere einer ehrgeizigen Führungskraft. Aber nur Arbeit und kein Spaß führt zu einer allzu ernsten Einstellung zur Arbeit und zum Leben – und niemand möchte für eine Person arbeiten, die zu ernst oder zu langweilig ist. Beginnen Sie mit der Planung Ihrer Feier „zum Abschluss meiner ersten 100 Tage". Sie können eine unterhaltsame Veranstaltung mit Ihrem Team organisieren, um den Meilenstein zu feiern, sich für die freundliche Aufnahme zu bedanken und das Team für seine bisherigen Bemühungen zu loben.

Wie in Kapitel 2 erwähnt, gibt es einen großen Unterschied zwischen einem Plan und einer Aufgabenliste. Bis jetzt ging es nur um den Plan, aber ich denke, das Klügste, was Sie an Tag 90 tun können, ist, sehr konzentriert zu sein und – vor dem Hintergrund Ihres Plans für die ersten 100 Tage – einfach eine To-do-Liste mit all den Dingen zu schreiben, auf die Sie sich in den nächsten zehn Tagen konzentrieren werden, um Ihre Reise der ersten 100 Tage effektiv und erfolgreich abzuschließen.

„Was sind die dringenden und wichtigen Prioritäten für die nächsten zehn Tage?"

Überlegen Sie, wie Sie Ihre Zeit in den nächsten zehn Tagen in Bezug auf Ihre gewünschten Ergebnisse am besten auf die folgenden Punkte konzentrieren können:

- **Gestalter/Gestalterin des Übergangs:** Haben Sie einen erfolgreichen Wechsel in der Führungsetage vollzogen?
- **Einzigartige(r) Mitarbeiter/Mitarbeiterin:** Haben Sie sich Ihre einzigartigen Stärken zunutze gemacht, um schon früh erfolgreich zu sein?
- **Lerner/Lernerin von Inhalten:** Sind Sie in Bezug auf Ihre Branche, Ihre Klientel und Ihre Rolle auf dem Laufenden?
- **Unternehmerische Spitzenkraft:** Haben Sie Ihre geschäftlichen Ziele erreicht?
- **Teambuilder/Teambuilderin:** Was haben Sie getan, um ein leistungsfähiges Team aufzubauen?

- **Anbieter/Anbieterin von Kommunikation:** Haben Sie Ihre Pläne und Fortschritte erfolgreich kommuniziert?
- **Aufbauer/Aufbauerin von Beziehungen:** Haben Sie Kontakte zu wichtigen Interessengruppen geknüpft?
- **Wertschöpfer/Wertschöpferin:** Haben Sie als Führungskraft des Unternehmens einen Mehrwert für die Organisation geschaffen?
- **Kulturnavigator/Kulturnavigatorin:** Wie gut haben Sie sich in der Kultur zurechtgefunden?
- **Marktakteur/Marktakteurin:** Haben Sie auf Ihrem Markt etwas bewirkt?

Wenn es Ihnen zu viel ist, über alle zehn Ergebnisse nachzudenken, dann seien Sie praktisch und realistisch und konzentrieren Sie sich einfach auf ein oder zwei Ihrer wichtigsten gewünschten Ergebnisse. Schreiben Sie dann eine Liste mit Aufgaben, die Sie bis zum Tag 100 erledigen können, und berücksichtigen Sie dabei, wer Ihnen helfen kann.

2 Entscheiden Sie, wer bleibt und wer geht

Inzwischen haben Sie drei Monate lang Erfahrungen mit der Leistung Ihres Teams gesammelt. Im Rahmen des Abschnitts „Teamaufbau" Ihres Plans für die ersten 100 Tage haben Sie vielleicht die Teamstruktur neu organisiert, Rollen und Verantwortlichkeiten neu zugewiesen und vielleicht sogar einige Mitarbeitende versetzt und neue Talente eingestellt. Manchmal sind jedoch die schwierigen Entscheidungen darüber, wer bleibt und wer das Team verlassen muss, noch nicht getroffen worden. Oder es kann sein, dass zwar einige Entscheidungen getroffen wurden, aber noch nicht *alle* Entscheidungen.

Ich schlage vor, dass Sie jetzt im Sinne des Abschlusses der Gründungsphase Ihrer neuen Rolle die letzten noch ausstehenden Entscheidungen darüber treffen, wer bleibt und wer geht.

Erinnern Sie sich an Ihre Vision für die Rolle, an das, was Sie innerhalb von drei Jahren erreichen wollen, und daran, wie wichtig es in diesem

Zusammenhang ist, dass Sie einen schnellen Start hinlegen. Sie brauchen das richtige Team, in dem alle in die richtige Richtung rudern, vollwertige Mitglieder des Teams sind und ihren Beitrag leisten. Denken Sie in diesem Zusammenhang noch einmal über Ihr Team nach – und insbesondere über das Team Ihrer direkten Mitarbeitenden. Bedenken Sie deren Fähigkeiten, Erfahrung und Mehrwert sowie ihr Potenzial.

Können Sie die Person erkennen, die keinen Nettobeitrag leistet? Die Person, die mehr Wert verbraucht, als sie beiträgt, und bei der realistischerweise kein Maß an Kompetenzerweiterung oder Investition Ihnen den schnellen hohen Nettoertrag bringen wird, den Sie von einem leistungsstarken Teammitglied erwarten. Niemand entlässt gerne Mitarbeitende, aber es ist auch nicht hilfreich, das Thema zu vermeiden. Es lässt Sie schwach aussehen und kann die Gesamtmotivation der anderen Teammitglieder beeinträchtigen. Irgendwann werden Sie diese schwierigen Personalentscheidungen treffen müssen und es ist besser, wenn Sie sie frühzeitig treffen.

Obwohl ich mit sehr hochrangigen Führungskräften zusammenarbeite, die sich selbst für knallharte Geschäftsleute halten, scheint dieser Ruf nach harten Leuten immer wieder notwendig. Leider bin ich nicht mehr überrascht, wenn die Person, die keinen Nettobeitrag leistet, immer noch da ist, nicht nur nach den ersten 100 Tagen, sondern sogar 12 Monate später. Jedes Mal, wenn dies geschieht, bedauern meine Kunden und Kundinnen es. Sie wünschten, sie hätten sie früher entlassen, vor allem, wenn sie wissen, wie lange die Einstellungszyklen dauern.

Leistungsschwache Mitarbeitende können Ihnen viel Energie rauben. Und was für eine Botschaft sendet es an den Rest Ihrer Mitarbeitenden, dass Sie nicht gewillt sind, einen hohen Leistungsstandard von allen in Ihrem Team zu verlangen. Manche Vorgesetzte denken, dass es nicht nett ist, Leute zu entlassen, aber eigentlich geht es bei der Aufgabe einer Führungskraft nicht darum, nett oder nicht nett zu sein. Es geht darum, Standards und Erwartungen an sich selbst und Ihr Team zu stellen und den Mitarbeitenden die Chance zu geben, ihre Rolle kompetent und eindrucksvoll auszufüllen, ein Teammitglied zu sein und einen Mehrwert für das Unternehmen zu schaffen. Wenn ein Teammitglied das nicht kann, dann ist es Zeit zu handeln.

Bei „nett" geht es darum, ehrlich mit leistungsschwachen Mitarbeitenden darüber zu sprechen, warum sie hinter Ihren Erwartungen zurückbleiben. Es geht darum, Menschen eine Chance zu geben, sich zu verbessern, und dann wieder ehrlich zu sein und zu sagen, ob sie es geschafft haben oder nicht. Verstecken Sie sich nicht hinter der Angst vor Konflikten und der Angst, nicht nett zu sein. Machen Sie Ihren Führungsjob und stellen Sie sicher, dass Ihre Teammitglieder die von Ihnen geforderten Leistungen erbringen. Leistungsschwächere Mitarbeitende sind oft erleichtert, wenn sie nicht mehr unter erhöhtem Druck stehen, eine Leistung zu erbringen, die über ihre Fähigkeiten hinausgeht. Tun Sie sich und der betreffenden Person einen Gefallen – treffen Sie jetzt die Entscheidung, wer bleibt und wer geht.

3 Halten Sie Ihre Erfolge fest und reflektieren Sie Ihre Erfahrungen

Sie haben in den letzten 90 Tagen hart gearbeitet und das Klügste, was Sie jetzt tun können, ist, Ihren gesamten Übergang zu reflektieren – von der Vorbereitungsphase bis zum jetzigen Zeitpunkt, was funktioniert hat, was nicht, und wie Sie sich in den letzten 90 Tagen als Person und als Führungskraft entwickelt haben.

- Was ist Ihr persönliches Highlight?
- Was war Ihr schlimmster Moment?
- Wie haben Sie sich von eventuellen Rückschlägen erholt?
- Was sind die wichtigsten Lektionen, die Sie gelernt haben?
- Was würden Sie anders machen, wenn Sie alles noch einmal machen könnten?

Selbstreflexion ist keine nachsichtige Zeitverschwendung. Sie ist eine entscheidende produktive Investition in einer schnelllebigen Welt. Heutzutage geht alles so schnell und Entscheidungen werden sehr schnell getroffen. Oft bleibt nur wenig Zeit, um über die Konsequenzen dieser Entscheidungen nachzudenken und die Lehren daraus zu ziehen. Die gleichen Fehler immer wieder zu machen, ist ein echter Zeitfresser. Denken

„Sind Sie stolz auf sich?"

Sie zum Beispiel daran, wer Ihnen in Ihren ersten 100 Tagen wirklich geholfen hat – und würdigen Sie die entsprechenden Personen.

Das Konzept, sich eine Auszeit für die Selbstreflexion zu nehmen, mag Ihnen fremd sein, aber denken Sie daran, dass Sie, wenn Sie als Führungskraft weiter wachsen wollen, neue Techniken und Methoden anwenden müssen, um Perspektiven und Gelegenheiten zur Selbstentwicklung zu finden. Entwickeln Sie also die Fähigkeit, sich eine Auszeit zu nehmen, einen Schritt zurückzutreten, einfach für sich zu sein und über Ihre eigenen Fortschritte nachzudenken. Nehmen Sie sich Zeit, um zu feiern, was funktioniert hat und welche Fortschritte Sie gemacht haben. Es ist an der Zeit, sich selbst eine gesunde Dosis an Anerkennung für das zu geben, was Sie bisher erreicht haben. Es ist an der Zeit, sich wirklich gut zu fühlen und Ihre Bemühungen und Fortschritte zu würdigen.

Dies wird sich nicht nur positiv auf Ihr Wohlbefinden auswirken, sondern auch Ihrem Team zeigen, welchen Wert Sie sich selbst und damit auch ihnen beimessen. Wenn Sie Ihre bisherigen Erfolge feiern und sich eine kleine Auszeit nehmen, um innezuhalten und sich in den Ergebnissen zu sonnen, werden Sie erfrischt und erneuert in die Realität Ihres schnelllebigen Umfelds zurückkehren.

Betrachten Sie Ihren Plan für die ersten 100 Tage als einen Speerwurf. Damals haben Sie sich eine Reihe von Ergebnissen vorgenommen, die Sie erreichen wollten. Dann kamen Ihnen unweigerlich das Leben in der Organisation und die Dynamik des Marktes in die Quere. Nicht alle erreichen all das, was sie sich in ihrem Plan vorgenommen haben. Aber wir hoffen, dass Sie sich an die Methodik gehalten und den größten Teil des Weges geschafft haben.

- Sind Ihre Dreijahresvision und Ihre strategischen Prioritäten auf dem richtigen Weg?
- Haben Sie am Ende der ersten 100 Tage einige, die meisten oder alle Ihrer gewünschten Ergebnisse erreicht?
- Was haben Sie über sich als Führungskraft, über die Rolle, das Unternehmen und den Markt gelernt?
- Welche nächsten Schritte planen Sie?

LERNEN SIE AUS IHREN FEHLERN

Nachdem Sie das Feedback von anderen eingeholt und sich eine Auszeit zur Selbstreflexion genommen haben, überlegen Sie, was Sie anders gemacht hätten. Wenn etwas schiefgelaufen ist oder Sie das Gefühl haben, dass Sie in den ersten 100 Tagen einen Fehler gemacht haben, akzeptieren Sie das als nützliches Feedback. Es war einfach nicht der richtige Ansatz. Versuchen Sie einen anderen. Machen Sie sich keine Vorwürfe. Wandeln Sie das, was schiefgelaufen ist, in etwas Positives um, was Sie in Zukunft richtig machen können.

SCHREIBEN SIE IHRE LEISTUNGEN AUF

Ich schlage vor, dass Sie sich von der folgenden Vorlage inspirieren lassen und eine Präsentation der ersten 100 Tage für Ihre Vorgesetzten, den Vorstand oder andere Beteiligte erstellen. Gehen Sie dabei auf die Bemühungen Ihres Teams ein und denken Sie daran, auch über „unsere" Erfolge zu sprechen, anstatt nur „meine" Erfolge hervorzuheben.

Verpassen Sie nicht den Zeitpunkt und die Gelegenheit, um mehr Budget und mehr Ressourcen zu beantragen. Ein Erfolg führt zum nächsten. Wenn Sie die ersten 100 Tage gut überstehen, sind Sie in einer besseren Position, um mehr Ressourcen zu erhalten – Mitarbeitende, Zeit, Geld. Wenn Sie mehr Ressourcen erhalten, werden Sie wahrscheinlich auch erfolgreicher sein.

BILANZ MEINER FÜHRUNGSQUALITÄTEN *@ AM ENDE DER ERSTEN 100 TAGE*	
Zehn wichtigste Leistungen	
Wichtigste Lektionen	
Geplante nächste Schritte	
Forderung nach zusätzlichem Budget und Personal	

4 Kommunizieren Sie den Erfolg Ihrer ersten 100 Tage an Ihre Interessengruppen

Nutzen Sie Ihre Erfolgsbilanz, um Ihren Interessengruppen den Erfolg der ersten 100 Tage zu vermitteln. Ich habe die Metapher der „Reise“ verwendet, um Ihren Übergang in den ersten 100 Tagen zu beschreiben, und Sie müssen sicherstellen, dass Sie alle Beteiligten auf diese Reise mitnehmen – oder dass sie am Ende der ersten 100 Tage wissen, wo Sie stehen. Unabhängig davon, ob Sie Ihren Stakeholdern und Stakeholderinnen Ihren Plan für die ersten 100 Tage bereits formell vorgestellt haben oder nicht, können Sie das Ende der ersten 100 Tage nutzen, um über das Erreichte zu sprechen.

Denken Sie daran, dass es in der Geschäftswelt keine Medaillen für Bescheidenheit gibt. Dies ist der Punkt, an dem Sie stolz auf Ihren Erfolg sein und Ihren wichtigsten Interessengruppen die beschleunigten Fortschritte mitteilen können, die Sie in relativ kurzer Zeit gemacht haben. Unterschätzen Sie nicht, wie wichtig es ist, zu erzählen, was Sie erreicht haben. Sie wollen nicht arrogant wirken, aber Sie müssen dafür sorgen, dass dies gut kommuniziert wird und Ihre Leistungen gebührend gewürdigt werden. Nicht nur der Plan und die Ergebnisse selbst werden Eindruck machen, sondern auch der Enthusiasmus und die Zuversicht, mit der Sie diese mitteilen. Das gibt Ihnen auch die Gelegenheit, Ihr Team anzuerkennen und Ihren Interessengruppen dafür zu danken, dass sie Ihnen geholfen haben, die richtigen Ergebnisse zu erzielen. Denken Sie daran, dass es hier um gemeinsamen Erfolg geht und darum, Menschen auf allen Ebenen mitzunehmen, und nicht um eine Siegesrunde im Alleingang.

Alle freuen sich über gute Nachrichten und in der Regel hören wir die guten Dinge nicht oft genug und erinnern uns auch nicht an sie. Sie haben hart gearbeitet, um an diesen Punkt zu gelangen, also arbeiten Sie hart daran, auch die Erfolge effektiv zu kommunizieren.

5 Schließen Sie den Plan ab und feiern Sie mit Ihrem Team

Genauso wie manche Menschen sich nur ungern von ihrer bisherigen Rolle trennen, wenn sie einen neuen Job bekommen, lassen manche Menschen nur ungern ihren Plan und Prozess für die ersten 100 Tage los. Wenn die buchstäblich ersten 100 Tage Ihrer neuen Führungsposition vorbei sind, ist es an der Zeit, nicht mehr über Ihren Plan für die ersten 100 Tage zu sprechen. Er ist vorbei, also ziehen Sie einen Strich darunter und gehen Sie zu Ihrem „zweiten Akt" über, den ich im nächsten Kapitel behandle.

DIE ZIELLINIE ÜBERQUEREN

Wenn Sie die Reise Ihrer ersten 100 Tage abschließen, wird Ihnen das ein immenses Gefühl der Befriedigung geben und wird Sie auch dazu motivieren, Ihre neue Reise bis zum Ende der nächsten 12 Monate anzutreten. Es bleiben Ihnen noch zehn Tage, die Sie effektiv nutzen sollten, um alle verbleibenden Aufgaben, die bis zum Ende Ihrer ersten 100 Tage erledigt sein sollten, abzuschließen, in Ordnung zu bringen und schneller zu erledigen. Sie befinden sich auf der Zielgeraden und diese nächsten zehn Tage sind die letzte Hürde. Nach all der harten Arbeit ist es wichtig, dass Sie konzentriert bleiben und Ihr Ziel nicht aus den Augen verlieren. Ihre ersten 100 Tage werden sich auf die nächsten 12 Monate und darüber hinaus auswirken. Sorgen Sie also dafür, dass Sie Ihre ersten 100 Tage so stark und enthusiastisch abschließen, wie Sie sie begonnen haben. Sie werden die langfristigen Früchte ernten.

Als Führungskraft müssen Sie ständig nach Möglichkeiten suchen, die Moral Ihrer Mitarbeitenden zu stärken, und das Ende Ihrer ersten 100 Tage als neue Führungskraft ist ein genauso guter Grund zum Feiern wie jeder andere. Sie müssen sich bewusst machen und anerkennen, dass Ihr Team selbst einen schwierigen Übergang hinter sich hat – den schwierigen Übergang, Sie als neuen Chef oder neue Chefin zu haben! Die Aufregung und die Angst vor Ihnen als neuer Führungskraft begannen lange vor Ihrer Ankunft und setzten sich nach Ihrer Ankunft mit Fragen wie diesen fort:

- Vertraue ich der Person schon?
- Werde ich meinen Job behalten?
- Verhält sich die Person wie ein vernünftiger Chef / eine vernünftige Chefin?
- Baut sie ein Gewinnerteam auf?
- Hat sie einen Unterschied gemacht?
- Bin ich stolz darauf, in ihrem Team zu sein?

In Anerkennung des Übergangs, den Sie alle durchlaufen haben – in den ersten 100 Tagen und davor – ist es nun an der Zeit, das Ende des Meilensteins der ersten 100 Tage zu feiern. Ihr Team wird Ihnen geholfen haben, Ihren Plan für die ersten 100 Tage zu verwirklichen. Indem Sie sie in Ihre Reise einbezogen haben, werden Sie sie motiviert haben. Ihre Unterstellten wollen sich als Teil Ihres Plans fühlen. Wenn Sie den Erfolg feiern, verzehnfacht sich der Motivationsfaktor. Untersuchungen haben ergeben, dass das Gefühl, Fortschritte zu machen, der wichtigste Motivator für den Aufbau und die Erhaltung eines leistungsstarken Teams ist. Erkennen Sie die Fortschritte an, die Sie als neu gebildetes Team gemacht haben, und begehen Sie den Anlass mit einer Feier.

Das muss ein lustiger Abend werden; wenn Sie ihn also mit einer Teambesprechung zusammenlegen, dann legen Sie nach getaner Arbeit den Papierkram beiseite, lassen Sie den Stress hinter sich, entspannen Sie sich, haben Sie Spaß und lernen Sie Ihre Mitarbeitenden besser kennen. Nutzen Sie diese Gelegenheit, damit sie Sie als Person und nicht nur als ihren Chef oder Ihre Chefin kennenlernen. Je mehr sich Ihr Team mit Ihnen identifizieren kann, desto besser.

Herzlichen Glückwunsch! Ihre ersten 100 Tage sind vorbei. Sie haben die maximale Wirkung erzielt und jetzt ist es an der Zeit, sich auf Ihren zweiten Akt zu konzentrieren.

First100™-Fallstudie – Fortsetzung

Als Ashley darauf wartete, dass seine First100™-Coachin zu seiner letzten Sitzung für die „ersten 100 Tage" erschien, blickte er auf die letzten drei bis vier Monate zurück. Es war eine ziemliche Achterbahn der Gefühle, von dem Hoch, als er den Job bekam, bis zu dem Tiefpunkt, als er feststellte, dass sein Team nicht dem Standard entsprach. Was für ihn jedoch besonders hervorstach, war die emotionale Erleichterung, die er verspürte, als er seinen Plan für die ersten 100 Tage entwickelt hatte. Rückblickend gab Ashley zu, dass dies der Moment war, in dem er zum ersten Mal das Gefühl hatte, die Kontrolle zu haben. Vielleicht brauchte er einen weiteren 100-Tage-Plan, um die nächsten drei Monate zu überstehen.

„Ich habe meine ersten 100 Tage hinter mir, was nun?"

Coaching-Notizen zur Sitzung nach 90 Tagen

Ashley, Sie müssen jetzt einen anderen Gang einlegen. Ja, Ihr Plan für die ersten 100 Tage hat Ihnen gute Dienste geleistet. Aber er ist vorbei und Sie können nicht kurzfristig denken und einfach von 100 Tagen zu 100 Tagen taumeln. Sie müssen Ihren Plan für die ersten 100 Tage abschließen, einen Strich darunter ziehen – und dann über einen neuen, längerfristigen Plan nachdenken. Ihr nächster kritischer Moment der Beurteilung wird sein, wenn Sie insgesamt 12 Monate in Ihrer Rolle gewesen sind. Das ist der Zeitpunkt, an dem Ihr Mehrwert noch genauer unter die Lupe genommen wird – vor allem von potenziell gegnerischen und kritischen Personen. Kommen Sie dem zuvor, indem Sie das schreiben, was ich Ihren „Plan für den zweiten Akt" nenne. Nehmen Sie all die Lektionen, die Sie über die Bedeutung eines Plans gelernt haben, nämlich mit dem Ziel vor Augen zu beginnen, den Plan in wichtige Meilensteine zu unterteilen und den Fortschritt an diesen Meilensteinen zu überprüfen. Aber konzentrieren Sie sich auf einen längerfristigen Plan, der Sie von hier bis zum Ende Ihrer ersten 12 Monate führt.

▶

Konzentrieren Sie sich auf die nächsten acht bis neun Monate und formulieren Sie die gewünschten Ergebnisse, die Sie bis zum Ende Ihrer ersten 12 Monate in dieser Funktion erreichen möchten. Aber ... bevor Sie das tun, lassen Sie uns Ihre ersten 100 Tage abschließen. Lassen Sie uns anerkennen, dass sie zum Ende gekommen sind und welche Lektionen Sie gelernt haben. Was haben Sie gut gemacht? Was haben Sie nicht so gut gemacht? Wie bewerten Sie Ihre eigene Leistung? Wie bewerten Ihr Team und Ihre Interessengruppen Ihre Leistung?

Schließen Sie Ihren Plan ab, halten Sie das Erreichte und Gelernte fest und gehen Sie dann zu Ihrem zweiten Akt über.

Rückblickend war Ashley der Meinung, dass ein strukturierter Plan für die ersten 100 Tage absolut entscheidend für sein Selbstmanagement war. Er erkannte auch, dass die größte Verbesserung seiner Führungsqualitäten und sein größtes persönliches Wachstum im Bereich der emotionalen Intelligenz lagen. Ashley konnte jetzt deutlicher erkennen, wie nervös er zu Beginn seiner Tätigkeit gewesen war und wie sehr er an Selbstvertrauen verloren hatte. Hätte er keinen Plan für die ersten 100 Tage oder die Unterstützung seiner Coachin gehabt, so erkannte Ashley, dann hätte er nicht so viele Fortschritte gemacht. Dadurch, dass er das Gefühlsleben in seinem Job besser in den Griff bekam, litt er weniger unter Stress, ging Herausforderungen besser an, traf gute Entscheidungen und lief zu Höchstform auf, trotz aller Unklarheiten und Schwierigkeiten, die mit seinen Führungsaufgaben verbunden waren.

In der Tat war Ashley überrascht, wie viel er erreicht hatte, wenn man bedenkt, wie unmöglich die Aufgabe zu Beginn schien. Ashleys Vorgesetzte waren äußerst beeindruckt von ihm und wollten Ashleys Verantwortungsbereich auf ein neues globales internes Strategieprojekt ausweiten, das die Bedeutung der Schwellenländer und eine mögliche Umstrukturierung des gesamten Unternehmens betraf. Ashley wusste, dass das Ergebnis dieser strategischen Überprüfung sich letztendlich auf seine Karriere auswirken würde.

▶

Er freute sich, dass er seine derzeitige Rolle so gut im Griff hatte, dass er an dem Projekt teilnehmen konnte, das letztendlich seine eigene zukünftige Karriere im Unternehmen prägen würde. Ashley blickte auf die ganze Erfahrung zurück und vertraute seinen Mitarbeitenden an: „Die ersten 100 Tage richtig zu machen, war ein Wendepunkt nicht nur für diese Rolle, sondern ich weiß jetzt, dass es ein Wendepunkt in meiner Führungskarriere war."

7

Über die ersten 100 Tage hinaus

- Ihr zweiter Akt – wechseln Sie vom Sprint zum Marathon
- Ihre nächste Rolle – seien Sie in dieser Rolle erfolgreich und werden Sie schneller befördert

1 Ihr zweiter Akt – wechseln Sie vom Sprint zum Marathon

Die ersten 100 Tage werden sich wie ein Sprint angefühlt haben, begleitet von dem Adrenalinrausch der Herausforderung und des Überquerens der Ziellinie. Nach der Anwendung des First100assist™-Ansatzes wissen einige Menschen zu schätzen, wie sehr es ihnen geholfen hat, und gehen davon aus, dass sie diese Erfahrung wiederholen sollten. Sie denken voll Begeisterung, dass sie einen weiteren 100-Tage-Plan aufstellen sollten, aber eine Serie von 100-Tage-Sprints würde ich nicht empfehlen.

Ich schlage vor, dass Sie in den ersten 100 Tagen sprinten und in den nächsten neun Monaten einen Marathon laufen, um Ihr erstes Jahr erfolgreich zu beenden. Es ist weder sinnvoll noch strategisch, immer wieder 100-Tage-Sprints zu absolvieren. Der First100assist™-Ansatz eignet sich sehr gut für die ersten 100 Tage, aber Sie sollten Ihren Planungshorizont jetzt von kurzfristig auf längerfristig umstellen. Denken Sie nicht an die nächsten 100 Tage, sondern daran, was Sie bis zum Ende Ihrer ersten 12 Monate in der Rolle erreicht haben wollen.

Meiner Erfahrung nach gibt es zwei wichtige Momente, in denen die neu ernannte Führungskraft beurteilt wird: am Ende der ersten 100 Tage und am Ende der ersten 12 Monate im Amt.

Wenn das Ende der ersten 100 Tage der erste kritische Moment der Beurteilung in Ihrer Rolle war, dann ist das Ende Ihrer ersten 12 Monate Ihr zweiter. Ich nenne die Zeit von jetzt bis zum Ende Ihrer ersten 12 Monate in der Rolle „Ihren zweiten Akt" – eine Zeitspanne von etwa acht Monaten. Zweifellos ist das Ende der ersten 12 Monate der wichtigere Meilenstein. Am Ende Ihres ersten Jahres in der Rolle werden die Interessengruppen höhere Erwartungen an Ihren Erfolg haben und diesen verstärkt beurteilen. Die Flitterwochen sind vorbei und Sie haben entweder die Erwartungen erfüllt oder nicht – da ist kein Platz mehr für Ausreden.

Wenn Sie dieses Buch lesen und die Prinzipien anwenden, dann sind Sie wahrscheinlich eine Person, die Ihre Vorgesetzten, Ihre Kollegen und Kolleginnen und Ihr Team am Ende der ersten 100 Tage beeindrucken will. Am Ende Ihres ersten Jahres in der Position werden die Menschen um Sie herum jedoch automatisch ein Urteil über Sie fällen – ob mit oder ohne Ihr Zutun. Sie müssen diesem Urteil mit einem Führungskonzept für den zweiten Akt zuvorkommen.

ERSTE 100 TAGE	**SECOND ACT CHARACTERISTICS**
Schnelles Tempo – Sprint	Konstantes Tempo – Marathon
Fokus auf frühe Erfolge	Fokus auf längerfristige Erfolge
Sich unsicher und neu fühlen	Sich sicherer und eingewöhnter fühlen
Flitterwochen / anfängliches Vergeben von Verzögerungen	Strengere Beurteilung Ihrer Leistung / mehr Forderungen danach, Ergebnisse zu sehen.

Wenn Sie den Meilenstein von einem Jahr nicht beachten, werden Sie feststellen, dass all Ihre Bemühungen in den ersten 100 Tagen entweder vergessen sind oder von anderen lediglich als gute frühe Werbemaßnahmen umgedeutet werden.

EINEN NEUEN PLAN SCHREIBEN

Schreiben Sie einen neuen Plan, den ich Ihren „zweiten Akt" nenne und der Sie bis zum Ende Ihrer ersten 12 Monate in der Rolle weiterbringt. Beachten Sie, dass es nicht 12 Monate nach Ihren ersten 100 Tagen sind. Der Meilenstein „Ende der 12 Monate" bezieht sich auf das Datum, an dem Sie angekommen sind. Ihre gewünschten Ergebnisse konzentrieren sich auf das, was Sie bis zum Ende der ersten 12 Monate seit Ihrem Dienstantritt erreicht haben möchten. Ihre neuen Meilensteine werden vierteljährlich (nicht monatlich) erreicht – am Ende von sechs Monaten, neun Monaten und 12 Monaten.

Beziehen Sie sich auf Ihre Dreijahresvision, auf die Prioritäten Ihrer ersten 12 Monate und berücksichtigen Sie die Errungenschaften und Erfahrungen der ersten 100 Tage. Nutzen Sie ein hilfreiches Modell mit den vier Schlüsselthemen Selbstwirksamkeit, Rollenwirksamkeit, Organisationswirksamkeit und Marktwirksamkeit – mit einem zentralen Schwerpunkt auf Ergebnissen und Leistungen – und schreiben Sie jetzt Ihren Plan für den zweiten Akt.

Abbildung 7.1 Ihr Plan für den zweiten Akt – vier thematische Bereiche der Wirksamkeit

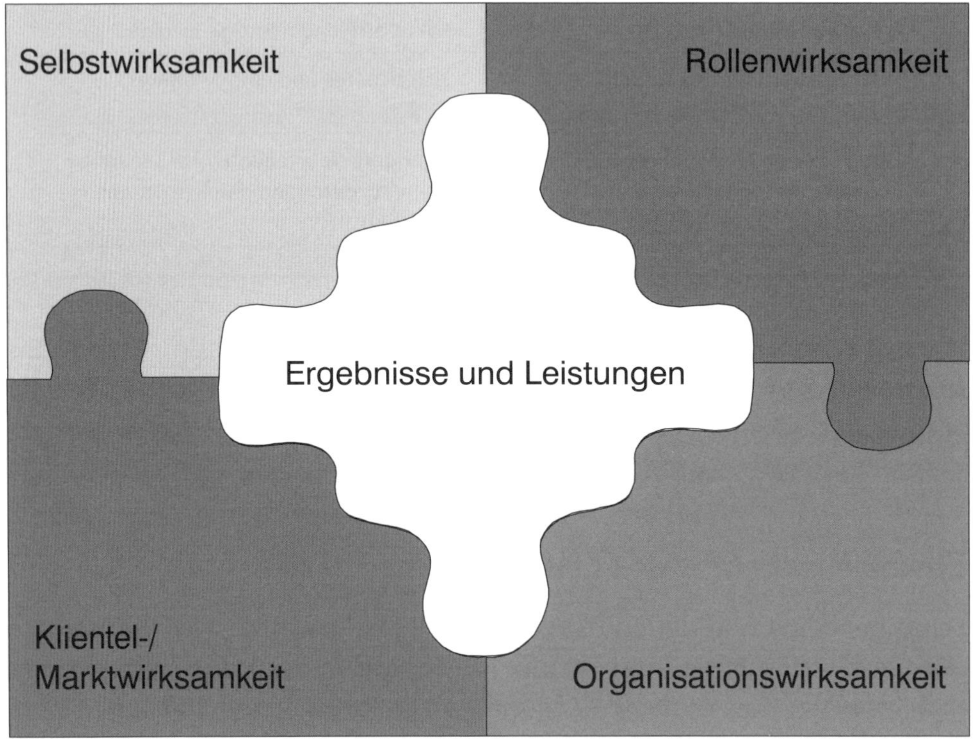

Abbildung 7.2 Ihr Führungsplan für den zweiten Akt

Ihr Führungsplan für den zweiten Akt	**Gewünschte Ergebnisse nach 12 Monaten** ***Denken Sie bei jedem der vier Themenbereiche an die Erfahrungen und entscheidenden Erfolgsfaktoren aus Ihren ersten 100 Tagen. Schreiben Sie die wichtigsten Ergebnisse auf, die Sie bis zum Ende Ihrer ersten 12 Monate in der Rolle erreichen wollen.***
In Bezug auf Selbstwirksamkeit: Womit können Sie aufhören, anfangen oder weitermachen, um von jetzt bis zum Ende der 12 Monate bei Ihrem Führungsansatz persönlich effektiver zu sein?	✓
In Bezug auf Rollenwirksamkeit: Was wollen Sie nach 12 Monaten im Hinblick auf beeindruckende Ergebnisse und Wirkungen mit Ihrer Rolle erreicht haben?	✓
In Bezug auf Organisationswirksamkeit: Was können Sie tun, um in der gesamten Organisation effektiver zu sein und Ihren Wert als Führungskraft des Unternehmens bis zum Ende Ihrer ersten 12 Monate zu demonstrieren?	✓
In Bezug auf Marktwirksamkeit: Welche Ziele verfolgen Sie, um bis zum Ende Ihrer ersten 12 Monate Wirkungen und Ergebnisse bei Kunden und Kundinnen, in Ihrer Branche oder Ihrem Markt zu erzielen?	✓

Erstellen Sie für jedes Thema eine separate Tabelle, in der Sie die gewünschten Ergebnisse auflisten und die wichtigsten Meilensteine nennen:

- am Ende von sechs Monaten ab Ihrem Startdatum
- am Ende von neun Monaten ab Ihrem Startdatum
- am Ende von zwölf Monaten ab Ihrem Startdatum

Machen Sie sich bereit, sich für Ihren zweiten Akt zu erneuern, neu zu motivieren und den Fokus neu auszurichten:

- **Erneuern Sie Ihre Erzählung:** Was ist Ihre neue Geschichte, die neue Erzählung, mit der Sie Ihr Team und Ihre Interessengruppen für die nächste Phase der Reise inspirieren können?
- **Motivieren Sie Ihr Team neu:** Wie können Sie Ihre Mitarbeitenden inspirieren und motivieren, weiter hart zu arbeiten?
- **Richten Sie einen neuen Fokus auf die Ergebnisse:** Sie haben in Ihren ersten 100 Tagen bereits großartige Ergebnisse erzielt, aber die Ergebnisse müssen natürlich auch weiterhin erzielt werden. Denken Sie also an die wichtigsten Ergebnisse, die Sie bis zum Ende Ihrer ersten 12 Monate erzielen müssen.

Beispiele dafür, wie Sie Ihre Wirkung während Ihres zweiten Aktes maximieren können

Selbstwirksamkeit:

- Zeigen Sie mehr Führungsmut und -fähigkeit.
- Spielen Sie Ihre Stärken aus, um etwas zu bewirken.

Rollenwirksamkeit:

- Lassen Sie Ihr Team hart für Sie arbeiten.
- Erledigen Sie Ihre bestehenden Aufgaben pünktlich und innerhalb des Budgets.

▶

Organisationswirksamkeit:

- Nehmen Sie an funktionsübergreifenden Initiativen teil.
- Beteiligen Sie sich an Innovationsprojekten oder gründen Sie eines.

Marktwirksamkeit:

- Repräsentieren Sie Ihr Unternehmen auf Branchenkonferenzen und veranstaltungen.

2 Ihre nächste Rolle – seien Sie in dieser Rolle erfolgreich und werden Sie schneller befördert

Es war erfreulich festzustellen, dass unsere First100-Kunden und -Kundinnen, die den Ansatz und die Prinzipien von First100assist™ anwenden, schneller in ihre nächste Position aufsteigen. Der First100-Ansatz hat ihnen geholfen, ihre Vorgesetzten und Interessengruppen zu beeindrucken, ihre Leistung zu steigern und ihre Führungsqualitäten zu verbessern. Ihr Erfolg und ihr Ehrgeiz waren spannend zu beobachten. Es scheint mir heute so offensichtlich, dass eine großartige Leistung in den ersten 100 Tagen mit einer schnelleren nächsten Beförderung verbunden ist. In meinen ersten Tagen als Coachin ging es jedoch nicht darum, schnellere Beförderungen zu erzielen. Dennoch wurde es zu einem unbestreitbaren Erfolgsmuster, als wir beobachteten, dass den First100-Coachees größere Verantwortlichkeiten und schnellere Beförderungen als ihren Kollegen und Kolleginnen angeboten wurden.

Das macht Sinn – wenn Sie in Ihren ersten 100 Tagen viel bewirken, beeindrucken Sie Ihre Vorgesetzten und die wichtigsten Interessengruppen und schaffen die Voraussetzungen für einen längerfristigen Erfolg in dieser Position. Sie setzen im Grunde eine positive Erfolgsspirale in Gang, in der Erfolg zu mehr Erfolg führt. Zum Beispiel möchten alle Teil eines erfolgreichen Teams sein, und wenn das Team erfolgreich ist, freuen sich alle, einen zusätzlichen Beitrag zu leisten, und bessere Ergebnisse folgen von selbst. Anhaltender Erfolg in der Rolle führt dazu, dass Sie mit größerer Wahrscheinlichkeit schneller die nächste Beförderung erhalten. Was ist mit dieser Binsenweisheit im Hinterkopf also mein Rat für Ihre nächste Rolle – und wann sollten Sie darüber nachdenken?

Mein allgemeiner Ratschlag lautet, dass Sie bei jeder Position einen Dreijahreshorizont einhalten sollten. Beweisen Sie sich im ersten Jahr, finden Sie Ihre Nachfolge bis zum Ende des zweiten Jahres und machen Sie Ihren nächsten Schritt im dritten Jahr. Wenn Sie früher befördert werden, ist das in Ordnung – aber es ist am besten, mit einem dreijährigen Rollenhorizont im Hinterkopf zu beginnen.

In der Regel sollten Sie nicht länger als drei Jahre in der gleichen Position bleiben. Bewegen Sie sich immer weiter nach oben.

DREIJÄHRIGER ROLLENHORIZONT	
Jahr 1	Konzentrieren Sie sich darauf, sich in Ihrer aktuellen Rolle zu beweisen.
Jahr 2	Erbringen Sie weiterhin gute Leistungen in Ihrer aktuellen Rolle und beginnen Sie, Ihre nächste Rolle ins Auge zu fassen. Identifizieren Sie Ihren potenziellen Nachfolger oder Ihre Nachfolgerin bis zum Ende des zweiten Jahres in dieser Rolle.
Jahr 3	Delegieren Sie mehr Verantwortung an Ihren potenziellen Nachfolger oder Ihre Nachfolgerin. Planen und verhandeln Sie Ihren nächsten Schritt.

SCHÖPFEN SIE IHR FÜHRUNGSPOTENZIAL AUS

Wenn Sie Ihre Führungslaufbahn fortsetzen wollen, wie sieht dann der Fahrplan für Ihren nächsten Schritt aus? Im Jahr 2016 habe ich ein Buch mit dem Titel *Your Next Role: How to get ahead and get promoted* geschrieben, um meinen Klienten und Klientinnen einen Fahrplan an die Hand zu geben, wie sie ihre Karriere selbst in die Hand nehmen und weiter voranschreiten können. Meine wichtigste Erkenntnis lautet: „Schaffen, nicht warten" – nehmen Sie Ihre Zukunft selbst in die Hand und warten Sie nicht einfach darauf, dass eine Stelle frei wird.

Ich habe eine Sieben-Punkte-Formel entwickelt, die eine Reihe von Fähigkeiten abdeckt, die Sie benötigen, um Ihre Karriere auf die nächste Stufe zu heben: wissen, was Sie wollen; sich selbst ermächtigen, das zu bekommen, was Sie wollen; sich richtig positionieren; herausfinden, wer die Entscheidungen trifft, und politisch geschickter werden; Ihre Erfolge in Ihrer aktuellen Rolle kommunizieren; sich von der Konkurrenz abheben; sich vom institutionalisierten Denken des „genau so funktioniert es" lösen, um mehr Möglichkeiten für Ihren beruflichen Erfolg zu schaffen.

DIE 7 PUNKTE	EINSICHT/THEMA
Zweck: Warum Sie die Beförderung wollen	Legen Sie eine Vision für Ihre Karriere fest. Wenn Sie wissen, was Sie wollen, ist es einfacher, den Weg dorthin zu planen. Was ist also Ihre ideale nächste Aufgabe?
Ermächtigung: Nehmen Sie Ihre Karriere selbst in die Hand	Übernehmen Sie die Kontrolle. Warten Sie nicht darauf, dass eine Stelle frei wird, und warten Sie nicht darauf, dass jemand anderes sich um Ihre Karriere kümmert. Erwarten Sie nicht, dass sich jemand mehr um Ihre Karriere kümmert als Sie selbst. Als Sie noch jünger waren, war der Schritt vom Graduiertenprogramm zur Führungskraft vielleicht offensichtlich, aber je höher Sie aufsteigen, desto weniger offensichtlich sind die Schritte. Werden Sie die Kontrolle über Ihre Karriere der Personalabteilung überlassen oder werden Sie die Sache selbst in die Hand nehmen und möglich machen? Erstellen Sie eine Liste mit Strategien, die Sie ermächtigen.
Persönliche Wirkung: Seien Sie zuversichtlich, was Ihre Fähigkeit angeht, aufzusteigen	Würdigen Sie Ihre Erfahrungen und Talente. Zähmen Sie die kritische Stimme in Ihrem Inneren. Zeigen Sie das Selbstvertrauen und die Fähigkeit aufzusteigen. Entwickeln Sie Ihr Wertversprechen für die Beförderung.
Politik: Nutzen Sie die Chancen zu Ihren Gunsten	Lernen Sie, die Organisation zu durchschauen. Bauen Sie Einfluss auf. Verstehen Sie die Politik Ihrer Beförderung.
Menschen: Finden Sie heraus, wer die Entscheidung trifft	Finden Sie heraus, wer die Entscheidung über die Beförderung trifft und wie Sie die Person am besten beeinflussen können. Identifizieren Sie diejenigen, die Entscheidungen treffen und Einfluss nehmen. Starten Sie Ihre Kampagne für die Interessengruppen.

DIE 7 PUNKTE	EINSICHT/THEMA
Leistung: Liefern Sie großartige Ergebnisse, um wahrgenommen zu werden	Erwarten Sie nicht, dass Ihre Arbeit für sich selbst spricht. Sie können in einer sehr schwierigen Situation die beste Arbeit leisten, aber wenn niemand von Ihren Bemühungen weiß, werden Sie keine Anerkennung dafür bekommen. Wenn Sie weiterkommen wollen, dürfen Sie sich nicht scheuen, Ihre Leistungen zu kommunizieren. Auch wenn Sie die richtigen Leute in Ihrem Team haben wollen, folgen diese lieber einem Gewinner oder einer Gewinnerin.
Initiative ergreifen: Bewerben Sie sich für die Rolle	Wer nicht fragt, kriegt nichts. Wann und wie Sie um eine Beförderung bitten. Bereiten Sie Ihr Angebot vor. Schreiben Sie Ihre Vision für die neue Rolle, die voraussichtlichen Prioritäten und natürlich Ihren Plan dafür auf, was Sie in den ersten 100 Tagen tun würden, wenn Sie die Rolle erhalten.

Wenn Sie mehr darüber erfahren möchten, wie Sie die 7 Punkte umsetzen können, empfehle ich Ihnen *Your Next Role* als Lektüre.

WACHSEN SIE WEITER, LERNEN SIE WEITER

Der sicherste Weg zum Führungserfolg in dieser Rolle und in Ihrer zukünftigen Karriere ist es, die Kontrolle über Ihr eigenes Lernverhalten und Ihre Führungsentwicklung zu übernehmen. Lernen Sie aus dieser Erfahrung, sich selbst zu ermächtigen und Ihren Plan für die ersten 100 Tage zu schreiben. Ermächtigen Sie sich weiterhin selbst. Warten Sie nicht darauf, dass Ihre Organisation Ihre Führungsqualitäten weiterentwickelt. Sie sollten immer alle formellen Schulungs- und Entwicklungsmöglichkeiten nutzen, die Ihr Unternehmen anbietet. Ich möchte Sie aber auch dazu ermutigen, Ihr Lernen selbst in die Hand zu nehmen. Bleiben Sie auf dem Laufenden und relevant. Fordern Sie sich selbst, wenn Sie sich von Ihren Kollegen und Kolleginnen abheben und Ihre Karriere vorantreiben wollen. Ihr größtes Kapital im Leben ist Ihr Appetit auf Lernen.

Letzte Worte

Ich bin zuversichtlich, dass Sie mit Hilfe der Erkenntnisse und Ansätze in diesem Buch Ihre Leistung erfolgreich beschleunigt und eine maximale Führungswirkung erzielt haben, die sich nicht nur positiv auf Ihre ersten 100 Tage in dieser Rolle auswirkt, sondern Sie auch in die Lage versetzt, während der ersten 12 Monate sowie Ihrer gesamten Amtszeit und darüber hinaus maximalen Führungserfolg zu haben.

Ihre ersten 100 Tage geben den Ton an, wer Sie als Führungskraft sind und was Sie in Ihrer neuen Rolle erreichen wollen. Es ist die Anfangsphase dessen, was letztendlich Ihr komplettes Vermächtnis in der Führungsrolle sein wird, und ein guter Start ist ein gutes Vorzeichen für ein starkes und effektives Vermächtnis in der gesamten Rolle.

Das Ziel dieses Buches ist es, Sie zu ermächtigen und die lebenswichtigen Prozesse der Führung in Ihnen in Gang zu bringen. Ich vertraue darauf, dass das Gelernte ein Katalysator für Ihr zukünftiges Wachstum als Führungskraft sein wird. Dieses Buch bietet Ihnen eine Grundlage für eine nachhaltige Veränderung Ihrer Führungsfähigkeiten, welche Folgendes umfasst:

- gesteigertes Selbstvertrauen
- bessere Entscheidungsfindung
- Wachstum der emotionalen Intelligenz
- mehr Effizienz bei der strukturierten Planung und dem Umgang mit Unsicherheit
- größere strategische Fähigkeit, eine klare Richtung vorzugeben und andere zu motivieren, ihr zu folgen

Wenn Sie die Konzepte in diesem Buch anwenden, können Sie längerfristig von den Vorteilen profitieren, die sich aus der Transformation Ihrer Führungsrolle ergeben, da Sie immer geschickter und erfahrener darin werden, die Konzepte in jeder Phase des Lebenszyklus Ihrer Stelle anzuwenden.

„Seien Sie die beste Führungskraft, die Sie sein können."

Seien wir ehrlich, die Qualität der Führung in der Welt ist nicht gut. Wir als Menschheit brauchen die Verantwortlichen – unsere Führungspersönlichkeiten –, die sich bemühen, es besser zu machen. Jeder der ersten 100 Tage ist eine Chance für einen Neuanfang in der Führung, mit der Möglichkeit, anderen eine bessere Führungsqualität vorzuleben. Durch meine Bücher und meine Beratungsdienste versuche ich, meiner First100-Klientel sowie den Lesern und Leserinnen dabei zu helfen, bessere Führungskräfte zu werden. Ich fühle mich gut, wenn ich weiß, dass ich mit meiner Bestimmung im Einklang bin und das tue, was ich kann, um zum Fortschritt unserer Welt beizutragen. Wenn wir alle versuchen würden, in unseren bescheidenen Verantwortungsbereichen bessere Arbeit zu leisten, dann könnten wir vielleicht als Menschheit gemeinsam besser abschneiden.

Im Kern geht es in diesem Buch darum, Ihnen zu helfen, die Qualität Ihrer Führungsqualitäten zu verbessern – mit besonderem Schwerpunkt auf dem Beginn einer neuen Rolle als einem Moment der Not, der Ihre Aufmerksamkeit und Ihren Appetit auf Lernen weckt. Wir müssen Ihre Aufmerksamkeit erregen, denn in einer Welt zunehmender Komplexität und Ungewissheit müssen unsere Führungskräfte noch besser und stärker sein als bisher. Unsere Führungskräfte müssen sich mehr anstrengen, mehr Verantwortung übernehmen und schneller bessere Ergebnisse erzielen. Wir brauchen eine neue Generation von Führungskräften, die ihre Rolle von Anfang an ernst nehmen, aus dem Chaos eine Struktur schaffen, mit gutem Beispiel vorangehen und ihre Teams motivieren, Aufgaben zu erfüllen, die ihre Organisationen stärken, Stabilität schaffen und dazu beitragen, Arbeitsplätze zu erhalten und die Wirtschaft anzukurbeln.

Für neu ernannte Führungskräfte in aller Welt ist dies ein Aufruf zum Handeln. Wir erwarten von Ihnen, dass Sie uns voranbringen. Sie können eine ganz persönliche Rolle dabei spielen, die Qualität der Führung in der Welt zu verbessern, indem Sie in Ihrer Rolle, in Ihrer Organisation aufsteigen, indem Sie die ersten 100 Tage großartig gestalten und dann Ihr Team und Ihre Mitarbeitenden in den kommenden Monaten und Jahren immer weiter voranbringen.

Vielen Dank, dass Sie dieses Buch gelesen haben. Ich wünsche Ihnen viel Erfolg auf Ihrer Führungsreise.

Stichwortverzeichnis